普通高等教育建筑产业化系列教材

Revit MEP 管线综合设计

霍海娥　编著

科学出版社

北京

内 容 简 介

本书以实际操作应用为目标，是一本以项目设计为载体的案例式教材。本书共分 8 章，第 1 章简要介绍 BIM 的发展及基本术语、相关概念、图元行为，第 2 章介绍 Revit MEP 的基本操作，第 3 章介绍暖通空调系统的设计，第 4 章介绍给排水系统的设计，第 5 章介绍消防水系统的设计，第 6 章介绍电气系统的设计，第 7 章介绍管线综合碰撞检查，第 8 章介绍建筑表现。

本书可作为高等教育土木类专业、项目管理类专业及建筑设备类专业学生的教材，也可作为教师的参考用书。

图书在版编目(CIP)数据

Revit MEP 管线综合设计/霍海娥编著．—北京：科学出版社，2019.2
（普通高等教育建筑产业化系列教材）
ISBN 978-7-03-060467-5

Ⅰ．①R…　Ⅱ．①霍…　Ⅲ．①建筑设计-管线综合-计算机辅助设计-应用软件-高等学校-教材　Ⅳ．①TU204.1-39

中国版本图书馆 CIP 数据核字（2019）第 019229 号

责任编辑：万瑞达　李　雪 / 责任校对：赵丽杰
责任印制：吕春珉 / 封面设计：曹　来

科学出版社出版
北京东黄城根北街 16 号
邮政编码：100717
http://www.sciencep.com
三河市骏杰印刷有限公司印刷
科学出版社发行　各地新华书店经销
*
2019 年 2 月第　一　版　开本：787×1092　1/16
2024 年 1 月第四次印刷　印张：10 3/4
字数：260 000

定价：29.00 元
（如有印装质量问题，我社负责调换〈骏杰〉）
销售部电话 010-62136230　编辑部电话 010-62195035

前　言

教育是国之大计、党之大计。教育、科技、人才是全面建设社会主义现代化国家的基础性、战略性支撑。全面建设社会主义现代化国家，必须坚持科技是第一生产力、人才是第一资源、创新是第一动力，深入实施科教兴国战略、人才强国战略、创新驱动发展战略。高等教育人才培养要树立质量意识、抓好质量建设、全面提高人才自主培养质量。

近年来，我国建筑信息模型技术发展迅速，政府相关单位、各行业协会与专家、设计单位、施工企业、科研院校等开始重视并积极推广建筑信息模型技术的应用。目前，建筑信息模型技术已成功应用于大型复杂工程的施工过程，实现了对建筑工程有效的可视化管理。建筑信息模型技术最终的目的是在实际工程中实现现代化管理，给建筑行业的发展带来巨大动力。建筑信息模型技术在我国的应用刚刚起步，掌握建筑信息模型技术的人员并不多，而我国建筑行业的蓬勃发展对建筑信息模型技术人员需求很大，导致建筑信息模型技术相关人才紧缺。因此，各高校应加快对建筑信息模型技术人才培养的步伐，进行人才培养方案改革，以适应社会经济发展的需要。

机电工程在现代化建筑中占有举足轻重的地位，特别是综合管廊、智能化建筑及智慧城市等概念的出现，对机电工程的设计、施工、运营和维护管理提出了更高的要求，迫切需要高素质的机电建筑信息模型技术人才。本书以实际项目作为案例安排教学内容，以学生的学习特点组织教学内容，可以满足初学者快速掌握 Revit 机电综合设计的需求。本书具有以下特点：

（1）以机电工程各系统安排内容，强调知识点的全面性。

（2）遵循学生的心理认知特点，由易到难组织教学内容。

（3）按系统划分来设计教学板块，层次分明。

（4）每个板块均以工程实际案例为载体设计教学，强调知识点的整合。

（5）注重本课程与基础课程之间的衔接与联系，简单易学。

本书内容简洁，简单易学，初学者可实现快速入门。在编写本书的过程中，四川师范大学的杨江帆、张翔、熊茂杰、洪俊鹏、栾海莹、熊杨和吉方慧同学参与了编写，在此一并表示感谢。

由于编者水平有限，书中不足之处在所难免，恳请广大读者批评指正，编者不胜感激。

编　者

2018 年 8 月

目　　录

第 1 章　Revit MEP 简介……1

1.1　BIM 的发展……1
1.2　参数化设计概念……3
1.3　Revit 基本术语及其关系……4
1.3.1　项目……4
1.3.2　对象类别……5
1.3.3　族……6
1.3.4　各术语间的关系……6
1.4　图元行为……6
本章小结……7

第 2 章　Revit MEP 基本操作……8

2.1　用户界面……8
2.1.1　应用程序菜单……9
2.1.2　功能区……9
2.1.3　快速访问工具栏……11
2.1.4　选项栏……12
2.1.5　项目浏览器……13
2.1.6　属性……13
2.1.7　绘图区域……15
2.2　视图控制……16
2.2.1　视图控制栏……16
2.2.2　项目视图的种类……17
2.2.3　视图基本操作……20
2.2.4　视图显示及样式……22
2.3　图元基本操作……25
2.3.1　图元选择……25
2.3.2　图元修改……27
2.3.3　图元限制及临时尺寸……30
本章小结……31

第 3 章　暖通空调系统设计 ……32

3.1　风管的绘制及标注……32

3.1.1　风管系统界面介绍……32

3.1.2　风管参数的设置方法……33

3.1.3　风管的绘制方法……35

3.1.4　风管显示设置……36

3.1.5　风管的标注方法……37

3.2　项目准备及案例……39

3.2.1　新建项目文件……39

3.2.2　链接建筑模型……39

3.2.3　复制标高及创建平面视图……40

3.2.4　导入 CAD 图纸……43

3.3　风系统模型的建立……44

3.3.1　风管的绘制……44

3.3.2　风管颜色的设置……45

3.3.3　添加并连接主要设备……49

3.3.4　风管对齐……50

3.3.5　更改风管系统类型……51

本章小结……51

第 4 章　给排水系统设计……52

4.1　管道的绘制……52

4.1.1　管道参数的设置方法……52

4.1.2　管道的绘制方法……54

4.1.3　管道显示设置……56

4.1.4　管道的标注方法……60

4.2　案例及水系统模型的建立……60

4.2.1　导入 CAD 图纸……60

4.2.2　水系统的绘制……62

4.2.3　添加水系统阀门……80

4.2.4　添加其他管路附件……83

4.2.5　添加并连接设备……85

4.2.6　出图时弯头的绘制方法……96

本章小结……99

第 5 章 消防水系统设计 …… 100

5.1 项目准备 …… 100

5.1.1 定义消防管道系统 …… 100

5.1.2 导入 CAD 图纸 …… 101

5.2 消防系统模型的建立 …… 102

5.2.1 消火栓箱的布置 …… 102

5.2.2 消防系统的创建 …… 103

5.2.3 消防管道的布置 …… 103

5.2.4 连接消火栓箱至管网 …… 108

5.2.5 管道附件的布置 …… 108

5.2.6 消防系统检查 …… 110

5.2.7 消防管道显示样式 …… 111

本章小结 …… 112

第 6 章 电气系统设计 …… 113

6.1 项目准备 …… 113

6.1.1 新建项目文件 …… 113

6.1.2 导入 CAD 图纸 …… 115

6.2 电气系统模型的建立 …… 117

6.2.1 电缆桥架的设置 …… 117

6.2.2 电缆桥架三通、四通和弯头的绘制 …… 120

6.2.3 电线管的设置 …… 123

6.2.4 电线管的绘制 …… 126

6.2.5 配电箱的绘制 …… 129

6.2.6 用电器具的绘制 …… 130

6.2.7 导线的自动生成 …… 134

本章小结 …… 140

第 7 章 管线综合碰撞检查 …… 141

7.1 碰撞检查简介 …… 141

7.2 碰撞检查方法 …… 141

7.2.1 项目内图元之间碰撞检查 …… 141

7.2.2 项目内图元与链接模型图元之间碰撞检查 …… 143

7.3 查找碰撞位置 …… 145

7.4 碰撞设计优化原则及技巧 …… 147
7.5 冲突检查报告的导出 …… 147
本章小结 …… 148

第 8 章 建筑表现 …… 149

8.1 项目位置、朝向、日光及阴影设置 …… 149
8.1.1 项目位置及朝向的设置 …… 149
8.1.2 日光及阴影的设置 …… 152
8.2 相机视图与漫游动画的创建及添加 …… 157
8.2.1 相机视图的创建 …… 157
8.2.2 漫游动画的添加 …… 157
8.3 使用视觉样式 …… 160
8.3.1 视觉样式的切换 …… 160
8.3.2 视觉样式的设置 …… 161
本章小结 …… 162

参考文献 …… 163

第 1 章 Revit MEP 简介

1.1 BIM 的发展

BIM 的英文全称是 building information modeling，中文翻译为建筑信息模型，是由美国乔治亚技术学院查克·伊斯曼博士在 1975 年首次提出的概念。1986 年，罗伯特·艾什在他发表的一篇论文中第一次使用“building information modeling”一词，他在这篇论文中描述了今天我们所知的 BIM 论点和实施的相关技术，并应用 RUCAPS 建筑模型系统分析了一个案例。

本书所引用《建筑信息模型应用统一标准》（GB/T 51212—2016）对 BIM 的定义使不同技术平台之间由 3 部分组成。

（1）Building Information Modeling，是建设工程（如建筑、桥梁、道路）及其设施的物理和功能特性的数字化表达，可以作为该工程项目相关信息的共享知识资源，为项目全生命期内的各种决策提供可靠的信息支持。

（2）Building Information Model，是创建和利用工程项目数据在其全生命期内进行设计、施工和运营的业务过程，允许所有项目相关方通过数据互用使不同技术平台之间在同一时间利用相同的信息，如图 1-1 所示。

（3）Building Information Management，是使用模型内的信息支持工程项目全生命期信息共享的业务流程的组织和控制，其效益包括集中和可视化沟通、更早进行多方案比较、可持续性分析、高效设计、多专业集成、施工现场控制、竣工资料记录等。

在国外，美国是较早启动建筑业信息化研究的国家，2003 年起，美国总务管理局通过其下属的公共建筑服务处（Public Buildings Service，PBS）开始实施一项被称为国家 3D-4D-BIM 计划的项目，实施该项目的目的有：①实现技术转变，以提供更加高效、经济、安全、美观的建筑；②促进和支持开放标准的应用。按照计划，美国总务管理局从整个项目生命周期的角度来探索 BIM 的应用，其包含的领域有空间规划验证、4D 进度控制、激光扫描、能量分析、人流和安全验证及建筑设备分析与决策支持等。为了保证计划的顺利实施，美国总务管理局制定了一系列的策略来支持和引导，主要内容有：

（1）制定详细明了的愿景和价值主张。

（2）利用试点项目积累经验并起到示范作用。

（3）加强人员培训，建立鼓励共享的组织文化。

（4）选择合适的软件和硬件，应用开放标准软、硬件系统构成 BIM 应用的基础环境。

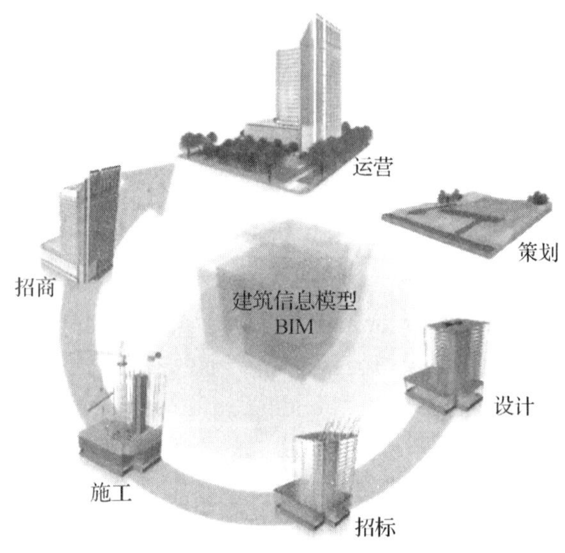

图 1-1　BIM 中不同利益方不同阶段的协同作业

在国内，BIM 应用虽然刚刚起步，但发展速度很快，许多企业有了非常强烈的 BIM 意识，出现了一批 BIM 应用的标杆项目。同时，BIM 的发展也逐渐得到政府的大力推动。

近年来，BIM 在国内建筑业形成一股热潮，除了前期软件厂商的大声呼吁外，政府相关单位、各行业协会与专家、设计单位、施工企业、科研院校等也开始重视并推广 BIM。2010 年与 2011 年，中国房地产业协会商业地产专业委员会、中国建筑业协会工程建设质量管理分会、中国建筑学会工程管理研究分会、中国土木工程学会计算机应用分会组织并发布了《中国商业地产 BIM 应用研究报告 2010》和《中国工程建设 BIM 应用研究报告 2011》。根据这两篇报告，人们对于 BIM 的知晓程度从 2010 年的 60%提升至 2011 年的 87%。2011 年，共有 39%的单位表示已经使用了 BIM 相关软件，而其中以设计单位居多。

2011 年 5 月，中华人民共和国住房和城乡建设部（以下简称“住建部”）发布的《2011～2015 年建筑业信息化发展纲要》中明确指出：在施工阶段开展 BIM 技术的研究与应用，推进 BIM 技术从设计阶段向施工阶段的应用延伸，降低信息传递过程中的衰减；研究基于 BIM 技术的 4D 项目管理信息系统在大型复杂工程施工过程的应用，实现对建筑工程有效的可视化管理等。这拉开了 BIM 在中国应用的序幕。

2012 年 1 月，住建部《关于印发 2012 年工程建设标准规范制订修订计划的通知》宣告了中国 BIM 标准制定工作的正式启动，其中包含 5 项 BIM 相关标准：《建筑信息模型应用统一标准》《建筑工程信息模型存储标准》《建筑工程设计信息模型交付标准》《建筑工程设计信息模型分类和编码标准》《制造工业工程设计信息模型应用标准》。其中《建筑信息模型应用统一标准》的编制采取“千人千标准”的模式，邀请行业内相关软件厂商、设计院、施工单位、科研院所等近百家单位参与标准研究项目、课题、子课题的研究。至此，工程建设行业的 BIM 热度日益高涨。

2013 年 8 月，住建部发布《关于推进 BIM 技术在建筑领域应用的指导意见（征求意见稿）》中明确，2016 年以前政府投资的 2 万 m^2 以上大型公共建筑以及省报绿色建筑项目的设计、施工采用 BIM 技术；截至 2020 年，完善 BIM 技术应用标准、实施指南，形成 BIM 技术应用标准和政策体系。

2014 年度，各地方政府关于 BIM 的讨论与关注更加活跃，上海、北京、广东、山东、陕西等地区相继出台了各类具体的政策来推动和指导 BIM 的应用与发展。

2015 年 6 月，住建部《关于推进建筑信息模型应用的指导意见》中，明确发展目标：到 2020 年末，建筑行业甲级勘察、设计单位及特级、一级房屋建筑工程施工企业应掌握并实现 BIM 与企业管理系统和其他信息技术的一体化集成应用。

2016 年 9 月 19 日，住建部印发《2016～2020 年建筑业信息化发展纲要》。建筑业信息化是建筑业发展战略的重要组成部分，也是建筑业转变发展方式、提质增效、节能减排的必然要求，对建筑业绿色发展、提高人民生活品质具有重要意义。

2017 年 2 月底，国务院办公厅印发《关于促进建筑业持续健康发展的意见》（以下简称《意见》）。《意见》指出，要加强技术研发应用。加快先进建造设备、智能设备的研发、制造和推广应用，提升各类施工机具的性能和效率，提高机械化施工程度。限制和淘汰落后、危险工艺工法，保障生产施工安全。积极支持建筑业科研工作，大幅提高技术创新对产业发展的贡献率。加快推进 BIM 技术在规划、勘察、设计、施工和运营维护全过程的集成应用，实现工程建设项目全生命周期数据共享和信息化管理，为项目方案优化和科学决策提供依据，促进建筑业提质增效。

1.2 参数化设计概念

Revit 是一个设计和记录平台，它支持建筑信息建模所需的设计、图纸和明细表。BIM 可提供用户需要使用的有关项目设计、范围、数量和阶段等信息。

在 Revit 模型中，所有的图纸、二维视图和三维视图及明细表都是同一个虚拟建筑模型的信息表现形式。对建筑模型进行操作时，Revit 将收集有关建筑项目的信息，并在项目的其他所有表现形式中协调该信息。Revit 参数化修改引擎可自动协调在任何位置（模型视图、图纸、明细表、剖面视图和平面视图）进行的修改。

参数化设计分为两个部分：参数化图元和参数化修改引擎。Revit MEP 中的图元都是以构件的形式出现的，这些构件之间的区别，是通过参数的调整反映出来的，参数保存了图元作为数字化建筑构件的所有信息。参数化修改引擎提供的参数更改技术使用户对建筑设计或文档部分所做的任何改动都可以自动地在其他相关联的部分反映出来，采用智能建筑构件、视图和注释符号，使每一个构件都通过一个变更传播引擎互相关联。构件的移动、删除和尺寸的改动所引起的参数变化会引起相关构件的参数产生关联的变化，任一视图下所发生的变更都能参数化地、双向地传播到所有视图，以保证所有图纸的一致性，不需要逐一对所有视图进行修改，从而提高了工作效率和工作质量。

1.3 Revit 基本术语及其关系

1.3.1 项目

在 Revit 中，项目是单个设计信息数据库——BIM，可以理解为 Revit 默认的存档格式文件。项目是以“.rvt”数据格式保存的。

项目文件包含了工程的所有设计信息，包括用于设计的模型信息，如几何图形、构件、材质、数量等，以及设计过程中产生的设计图纸和项目视图。通过使用单个项目文件，用户不仅可以轻松修改设计，还可以使修改的部分在所有与之关联的部分（平面视图、立面视图、剖面视图、明细表/数量等）得到反映，方便项目的管理。

其中项目样板文件是创建项目的基础。在 Revit 中，项目样板文件以“.rte”格式保存。样板文件定义了新建项目中默认的初始参数（包括属性设置、项目默认的度量单位、线型设置、显示设置及默认载入项目的族等）。如图 1-2 所示为 Revit MEP 默认提供的样板文件。

Construction-DefaultCHSCHS	2015/3/3 星期二 14...	Auto
DefaultCHSCHS	2015/3/3 星期二 14...	Auto
Electrical-DefaultCHSCHS	2015/3/2 星期一 20...	Auto
Mechanical-DefaultCHSCHS	2015/3/2 星期一 20...	Auto
Plumbing-DefaultCHSCHS	2015/3/2 星期一 20...	Auto
Structural Analysis-DefaultCHNCHS	2015/3/2 星期一 21...	Auto
Systems-DefaultCHSCHS	2015/3/6 星期五 11...	Auto

图 1-2　项目样板文件

注意：使用高版本 Revit 创建的项目文件、项目样板文件均不能在低版本 Revit 软件中打开。

1.3.2　对象类别

Revit 对象类别是图元的分类或分组。简单来说，Revit 中的对象类别相当于 AutoCAD 中图层的概念。在每个视图中通过属性面板中的“可见性/图形替换”选项或者默认快捷键 VV，可打开“可见性/图形替换”对话框，如图 1-3 所示。在该对话框中可以更改每个图元类别的可见性和图形。部分类别示例包括模型类别、注释类别、分析模型类别等。

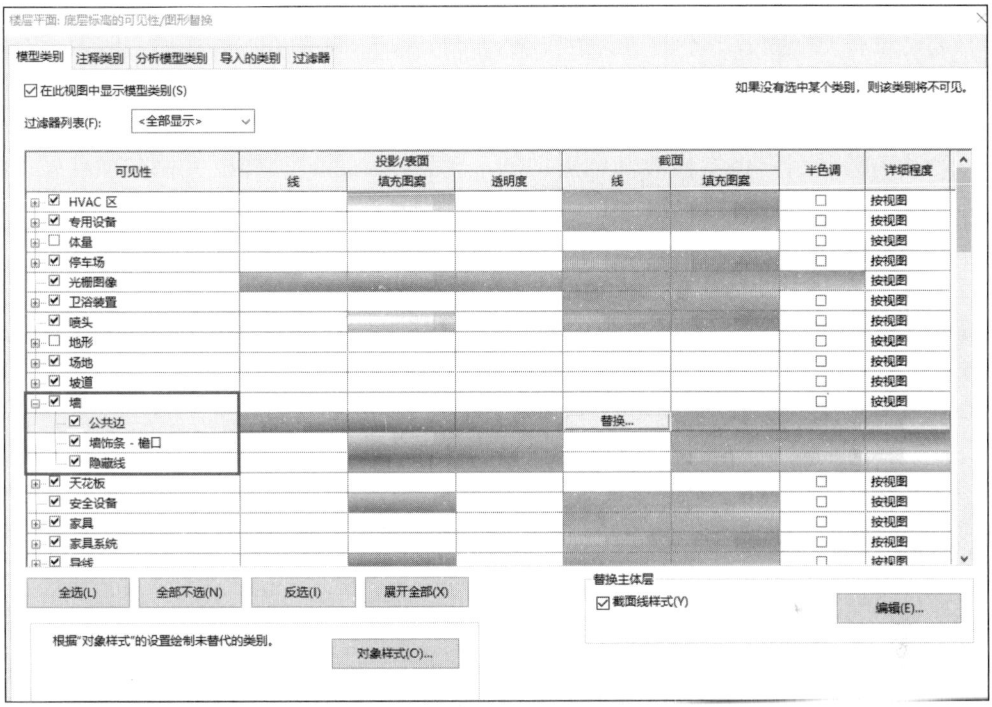

图 1-3　“可见性/图形替换”对话框

注意：在各类别对象中，还包括子类别，如模型类别包括墙、家具等子类别，在墙类别中还包括公共边、墙饰条-檐口、隐藏线子类别。

用户可以通过对各子类别的可见性、线型、线宽、透明度等的设置，控制一组模型图元类别在视图中的显示。

在某个视图中对可见性和图形设置所做的更改，将应用到当前活动的视图中。视图样板可对多个视图更改可见性和图形，或当所有视图都需要更改时，对模型的对象样式进行修改。

1.3.3 族

族是组成项目的构件，在 Revit 中使用的所有图元都是族。简单来说，墙、门、管道、文字、尺寸标注等图元都可以叫作族，这么多族组合在一起就是一个项目。如果不使用族，就无法在 Revit 中创建任何对象。

族同时也是参数信息的载体。族根据参数集或属性集和图形表示的相似性来对图元进行分组。由一个族产生的各图元具有相似的属性和参数设置，但是图元的具体参数由该族的类型或实例参数决定。

族可以有一个或多个不同的类型来表示同一族的不同参数或属性值。例如，Revit 中一共包含以下 3 种族。

1）可载入族

可载入族是用户经常修改和创建的族，允许用户通过族样板文件在项目外创建“.rfa”格式的独立族文件，然后载入项目中。可载入族具有高度可自定义的特征。

2）系统族

系统族指的是已经在项目中预定义并只能利用系统提供的默认参数在项目中进行创建和修改的族类型（如墙、尺寸标注、楼板、屋顶等）。它不能作为单个族文件（外部文件）载入或创建，但可以通过“项目传递”功能在不同项目之间传递系统族类型或者在项目和样板之间复制、粘贴。

3）内建族

内建族指的是在当前项目中新建的族。它仅能在本项目使用，不能单独保存为“.rfa”格式的族文件。

注意： 内建族仅包含一种类型。Revit 不允许用户通过复制内建族类型创建新的族类型。

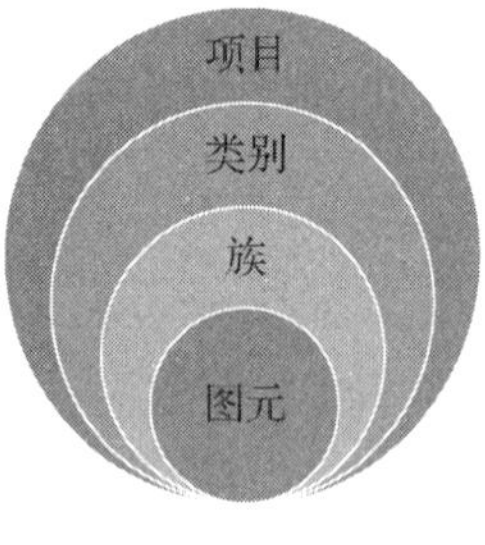

图 1-4　各术语间的关系

1.3.4 各术语间的关系

项目、类别、族、图元之间的关系如图 1-4 所示。

1.4 图 元 行 为

Revit 在项目中使用 3 种类型的图元：模型图元、基准图元和视图专有图元。Revit 中的图元也称为族。族包含图元的几何定义和图元所使用的参数。图元的每个实例都由族定义和控制。

（1）模型图元表示建筑的实际三维几何图形。它们显示在模型的相关视图中，如墙、窗、门、风管、喷水装置等。

模型图元有 2 种类型：

① 主体（或主体图元）。它通常在构造场地构建，如墙和天花板、结构墙和屋顶等。

② 模型构件。它包括建筑模型中其他所有类型的图元，如门、窗等。

（2）基准图元可帮助定义项目的范围和定位信息，如轴网、标高和参照平面等。

（3）视图专有图元只显示在放置这些图元的视图中。它们可帮助对模型进行描述或归档，如尺寸标注详图构件等。

视图专有图元也有 2 种类型：

① 注释图元。它是对模型进行归档并在图纸上保持比例的二维构件，如尺寸标注、标记和注释记号等。当模型发生改变时，注释图元也将随之自动更新。

② 详图。它是在特定视图中提供有关建筑模型详细信息的二维项，如详图线、填充区域和二维详图构件。这类图元不会随模型的改变而自动变化。

本 章 小 结

本章主要介绍了 BIM 技术的概念、BIM 的发展、参数化设计概念，Revit 的项目、类别、族的基本概念，以及族类型及图元的关系、文件格式等。本章内容多以概念为主，这些概念是学习 Revit 的基础，为后几章内容的学习打下了基础。BIM 包含了不同专业的所有信息、功能要求和性能，把一个工程项目的所有信息（包括在设计过程、施工过程、运营管理过程的信息）全部整合到一个建筑模型中。BIM 技术的发展已经经历了三大阶段：萌芽阶段、产生阶段和发展阶段，现如今在国外基本已经普及，但在我国建筑行业只限于一些大型设计院和少数工程咨询类企业在开展应用。本章简单分析了 BIM 技术在国外（美国）及我国的发展历史和现状，同时基于 BIM 技术，介绍了支持建筑信息建模所需的设计和记录平台 Revit。

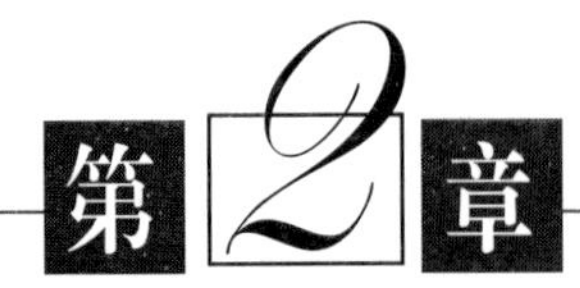

Revit MEP 基本操作

2.1 用户界面

Revit MEP 使用了 Ribbon 界面，将不同命令按钮进行归类并放在不同选项卡中，用户可以通过选项卡直接找到自己需要的命令按钮。Revit MEP 的工作界面包括应用程序菜单、功能区、快速访问工具栏、选项栏、项目浏览器、“属性”面板、绘图区域、视图控制栏等，如图 2-1 所示。

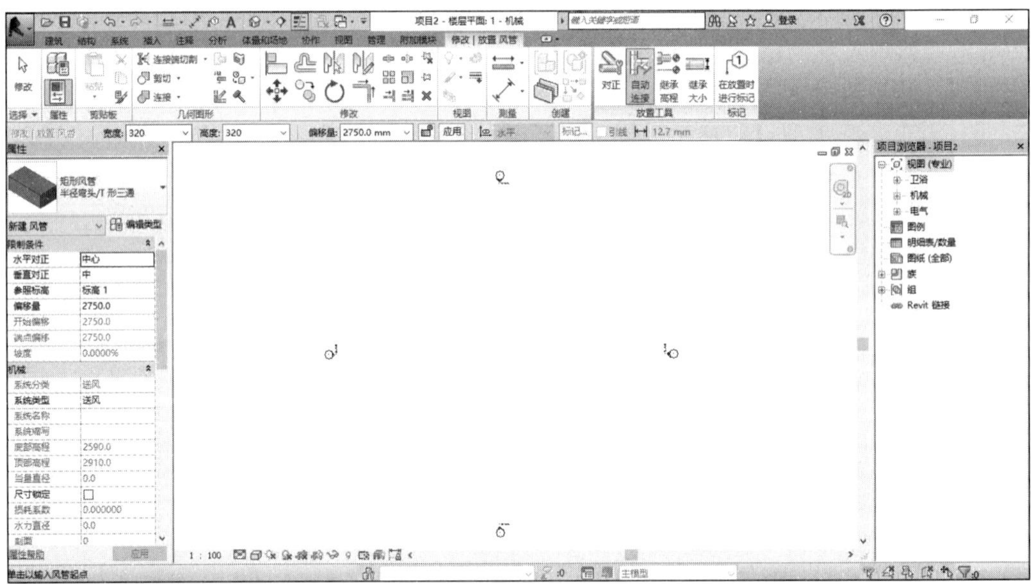

图 2-1 Revit MEP 工作界面

2.1.1　应用程序菜单

用户可以通过单击“应用程序菜单”按钮打开应用程序菜单，其中包括新建、打开、保存等基本选项，如图 2-2 所示。

在应用程序菜单中，单击右下角“选项”按钮，打开“选项”对话框，如图 2-3 所示。通过“用户界面”选项，可自定义在功能区显示的选项卡，如“建筑”“结构”“系统”选项卡，以及“机械”“电气”“管道”等工具，满足了各专业的需求。

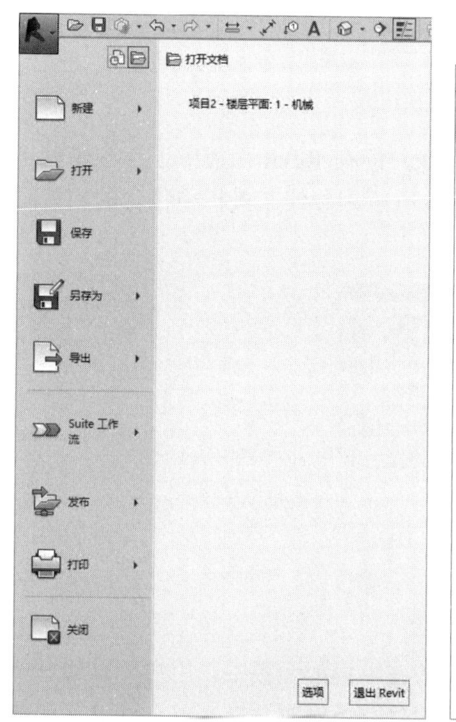

图 2-2　应用程序菜单

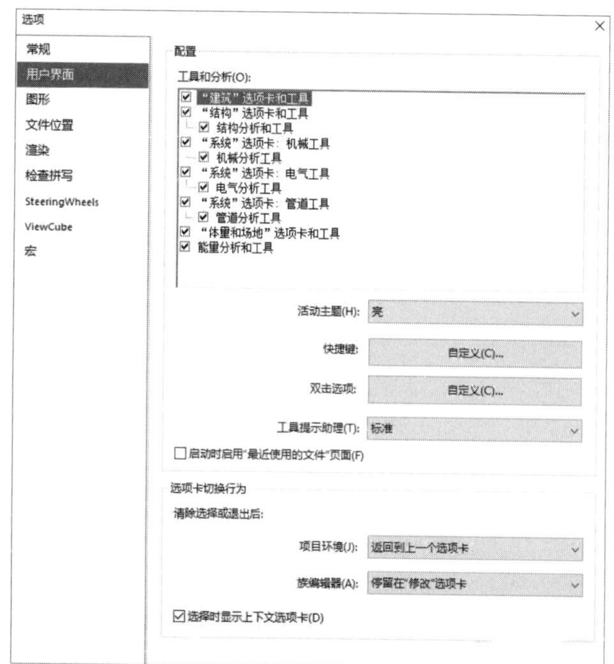

图 2-3　“选项”对话框

2.1.2　功能区

功能区提供了当前选项卡中所有的命令按钮。Revit MEP 主要运用“系统”选项卡，用户可以根据需要关闭其他选项卡。Revit MEP 功能区如图 2-4 所示。

图 2-4　Revit MEP 功能区

Revit MEP 提供了 3 种不同的功能区显示方式，包括最小化为选项卡、最小化为面板标题和最小化为面板按钮，如图 2-5 所示。用户可以单击选项卡右侧的三角形按钮切换显示状态。

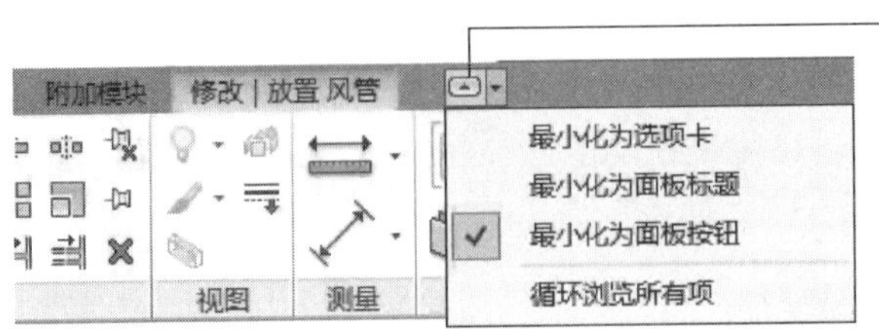

图 2-5 功能区显示方式切换按钮

在功能区中，单击命令按钮工具可执行相应命令，但在 Revit 面板中还存在隐藏工具选项，单击下拉按钮可显示隐藏的工具。如图 2-6 所示为导线工具栏中包含的相关隐藏工具。

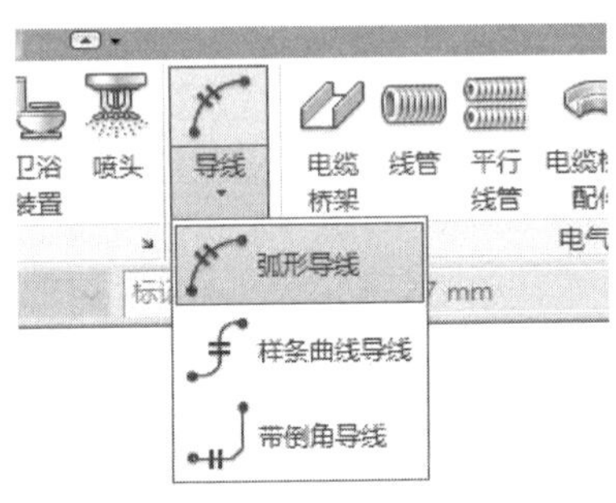

图 2-6 隐藏工具按钮

Revit MEP 根据各工具的性质和特点，将它们放在不同的面板中。用户可以通过单击面板右下方的斜箭头按钮，打开面板中工具相关的参数设置对话框，对工具进行详细的通用选项设置。通过单击“HVAC”面板右下方的斜箭头按钮，如图 2-7 所示，打开“机械设置”对话框，如图 2-8 所示。在该对话框中，用户可以指定默认的风管和管道设置。

图 2-7 工具设置选项

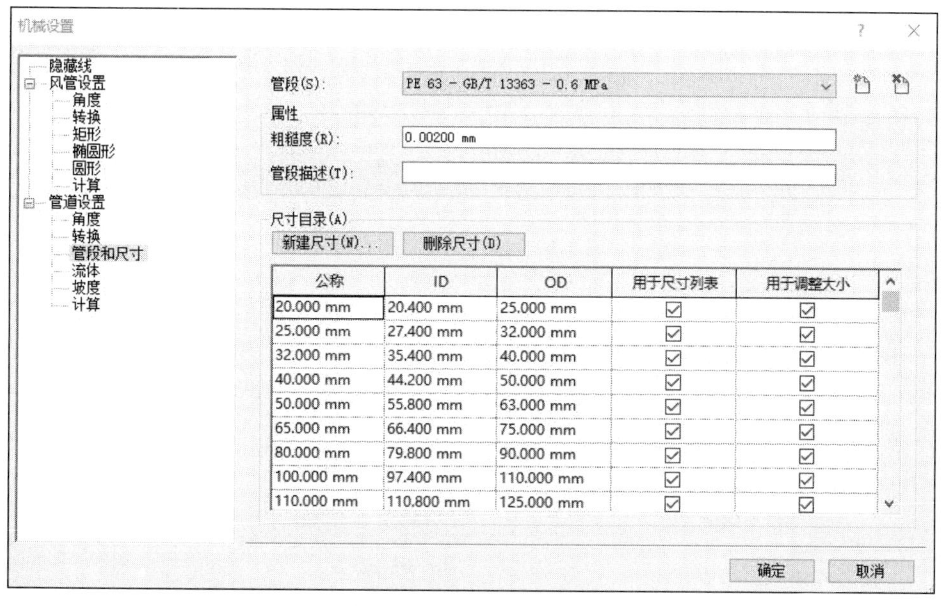

图 2-8　“机械设置”对话框

Revit MEP 中任何一个面板都可以成为浮动面板，可放置到当前窗口上的任何位置。用户可以先将鼠标指针移动到面板的标题位置或空白处，然后按住鼠标左键拖动可将面板拖动到任意位置。如果想使其回到原始位置，移动鼠标指针到浮动面板上，当面板右上角出现“将面板返回到功能区”按钮时，单击它便可使浮动面板重新回到原始位置，如图 2-9 所示。

图 2-9　“面板返回到功能区”按钮

注意：浮动面板只能返回原本所在的选项卡，不能放置到其他选项卡中。例如，“HVAC”面板只属于“系统”选项卡，只能返回“系统”选项卡中。

2.1.3　快速访问工具栏

快速访问工具栏默认放置了一些常用的命令按钮，包括打开、保存、撤销、恢复、切换窗口、三维视图、同步并修改设置、定义快速访问工具栏等，如图 2-10 所示。

用户可以根据需要自定义快速访问工具栏中的内容，右击功能区命令按钮，选择“添

加到快速访问工具栏”选项，即可向快速访问工具栏中添加该命令按钮。反之，右击快速访问工具栏中的命令按钮，选择“从快速访问工具栏中删除”选项，即可将该命令按钮从快速访问工具栏中移除。

图 2-10　快速访问工具栏

单击“自定义快速访问工具栏”下拉按钮，查看工具栏中的命令，如图 2-11 所示。在下拉菜单中选择“自定义快速访问工具栏”选项，将打开“自定义快速访问工具栏”对话框，如图 2-12 所示。用户可以重新对快速访问工具栏中的命令按钮进行排序、删除，并根据需要添加分隔线。

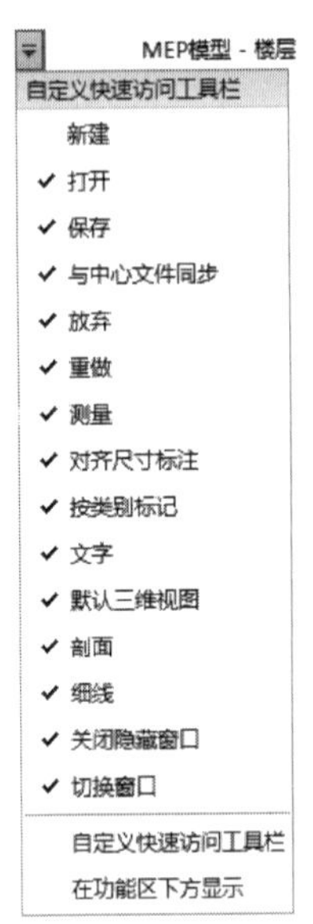

图 2-11　“自定义快速访问工具栏”下拉菜单

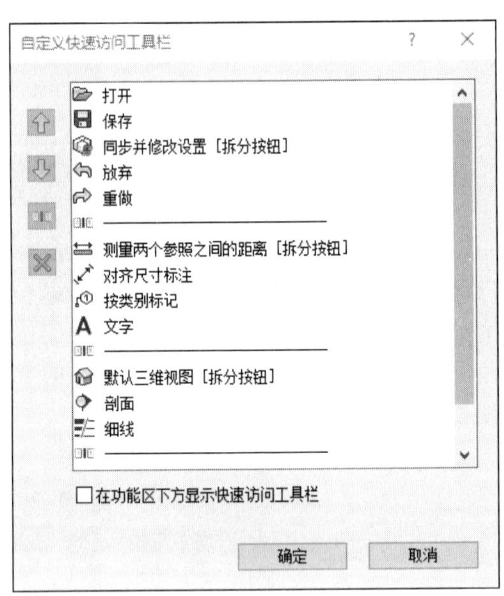

图 2-12　“自定义快速访问工具栏”对话框

2.1.4　选项栏

选项栏位于功能区下方，如图 2-13 所示为使用“风管”工具时选项栏的设置内容。选项栏用于设置当前命令的细节，类似于 AutoCAD 的命令提示行，根据当前工具或选定的图元显示条件工具。

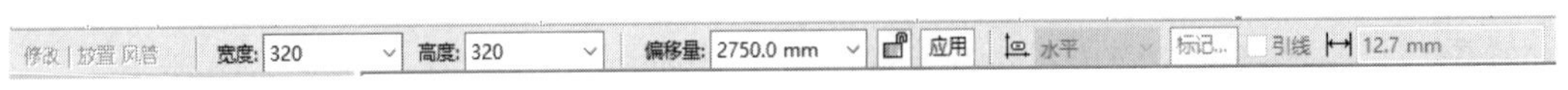

图 2-13　“风管”工具选项栏

要将选项栏移动到 Revit 窗口的底部（状态栏上方），可在选项栏上右击，然后选择“固定在底部”选项即可。

2.1.5　项目浏览器

项目浏览器包含当前项目中所有视图、图纸、明细表、族、组和链接的 Revit 模型等项目资源与其他部分的结构树，用于组织和管理当前项目的所有信息。在项目浏览器中，展开和折叠各分支时将显示下一层项目的内容，如图 2-14 所示。

MEP 涉及水、暖、电多专业设计，各专业需要创建自己所需的视图来进行专业设计，可在项目浏览器某选项上右击，打开相关下拉菜单，可以对该选项进行复制、删除、重命名、类型属性设置等相关操作，如图 2-15 所示。

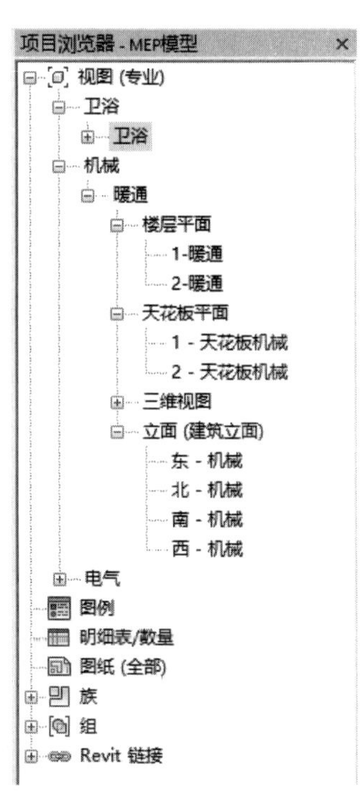

图 2-14　项目浏览器

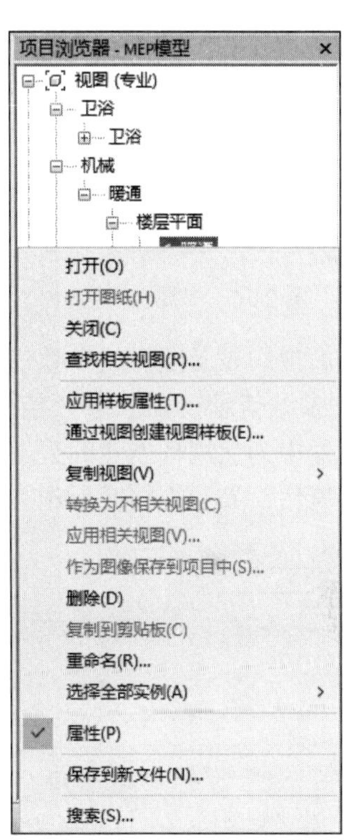

图 2-15　项目浏览器中选项的快捷菜单

2.1.6　属性

“属性”面板：查看和修改用来定义 Revit MEP 中图元属性的参数，如图 2-16 所示。

属性过滤器：显示当前选择的图元类别和数量，如图 2-17 所示。

图 2-16 “属性”面板

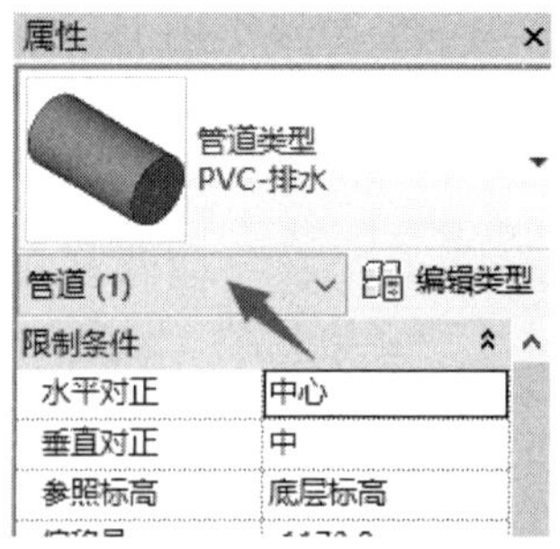

图 2-17 属性过滤器（箭头所指）

实例属性：显示图元的参数信息和视图参数信息，如图 2-18 所示。要注意的是，MEP 视图参数信息较“建筑”“结构”多了一项“子规程”参数设置，“子规程”是 MEP 项目浏览器中为父规程创建的分支，只适用于 MEP 项目文件。

类型属性：显示视图或所选图元的类型参数。如图 2-19 所示为管道的类型属性。

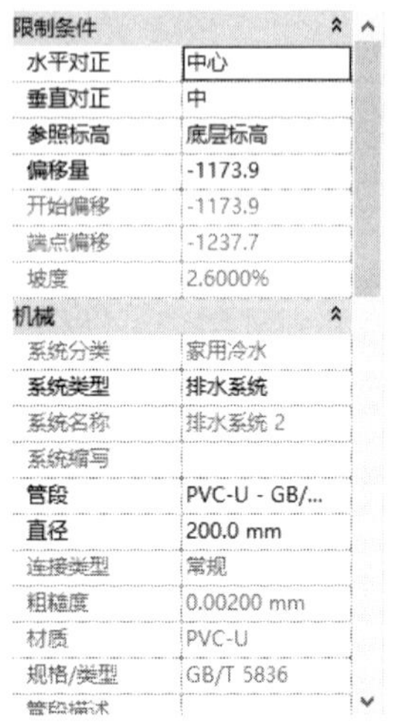

图 2-18 实例属性

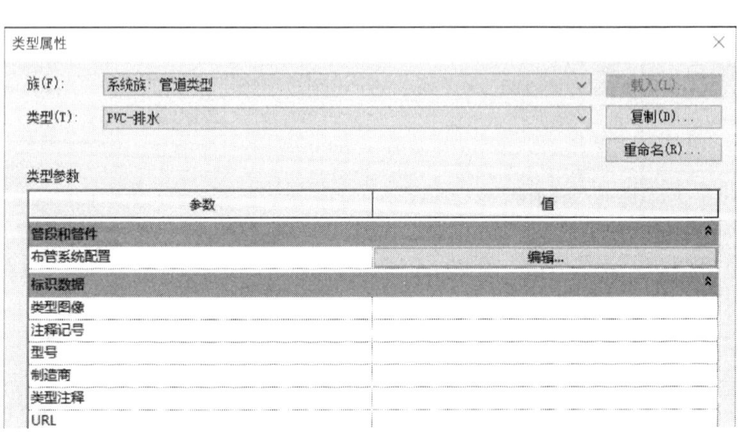

图 2-19 管道的类型属性

如果视图中没有显示“属性”面板，用户可以通过以下 3 种方式打开。

第 1 种：单击功能区中的“属性”按钮，如图 2-20 所示，打开“属性”对话框。

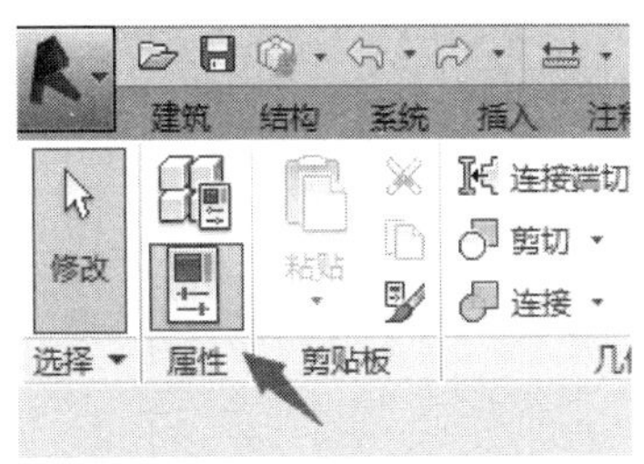

图 2-20　“属性”按钮

第 2 种：单击功能区中“视图”选项卡—“窗口”面板—“用户界面”按钮，选择“属性”选项，如图 2-21 所示。

第 3 种：在绘图区空白处右击并选择“属性”选项，如图 2-22 所示。

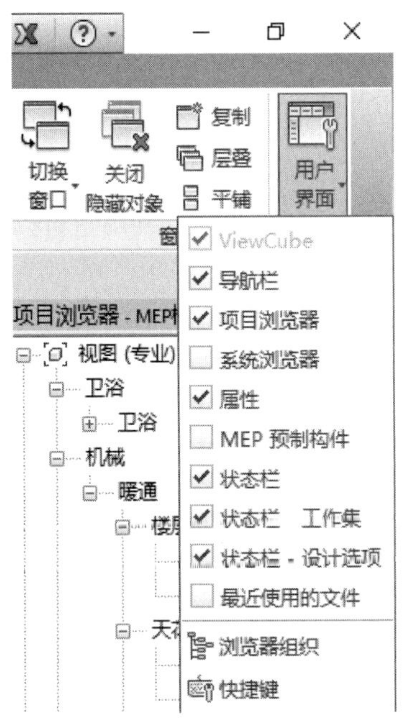

图 2-21　“用户界面”下拉菜单

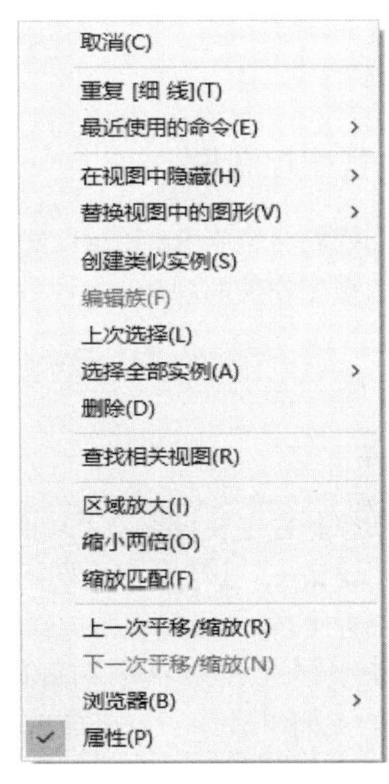

图 2-22　选择“属性”选项

2.1.7　绘图区域

绘图区域显示当前项目的楼层平面视图（及图纸和明细表视图），如图 2-23 所示。每打开项目中的某一视图，都会在绘图区域创建新的视图窗口，且其他视图仍处于打开状态。用户可以通过功能区“视图”选项卡中的“窗口”面板对视图进行切换、平铺、删除等操作，如图 2-24 所示。

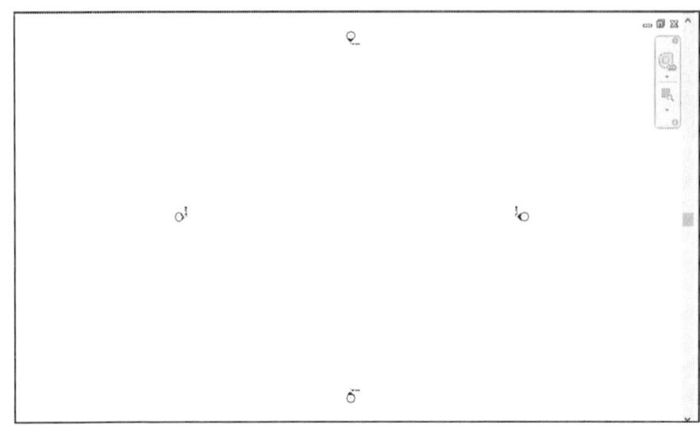

图 2-23　绘图区域

图 2-24　“窗口”面板

2.2 视图控制

2.2.1 视图控制栏

视图控制栏位于 Revit 窗口底部和状态栏上方，如图 2-25 所示。利用它可以快速访问与当前视图相关的功能。

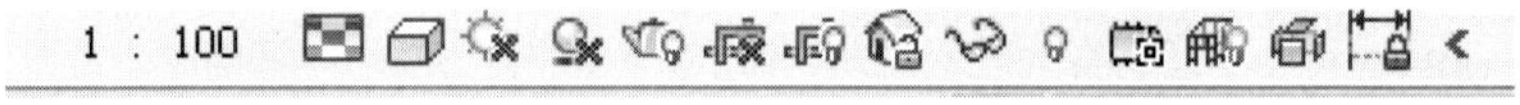

1 : 100

图 2-25　视图控制栏

视图控制栏主要包括以下功能。

视图比例 1 : 100 ：表示图纸中对象的比例系统。

详细程度：设置视图的详细程度，包括“粗略”“中等”“精细” 3 种模式。

打开/关闭日光路径：打开日光路径并进行设置。

打开/关闭阴影：打开或关闭模型中阴影的显示。

显示/隐藏渲染对话框：对图形渲染进行参数设置，仅在三维视图显示此选项。

裁剪视图：控制是否裁剪视图。

显示/隐藏裁剪区域：显示或隐藏裁剪区域范围框。

解锁/锁定三维视图：将三维视图锁定，以在视图中标记图元并添加注释记号，仅在三维视图显示此选项。

临时隔离/隐藏图元：将视图中图元暂时独立显示或隐藏。

显示隐藏图元：临时查看当前视图隐藏的图元或将其取消隐藏。

分析模型的可见性：在任何视图中显示或隐藏结构分析模型。

2.2.2　项目视图的种类

Revit MEP 提供了多种视图，包括平面视图、立面视图、剖面视图、详图索引视图、三维视图、明细表视图和图例视图等，如图 2-26 所示。用户可以根据需要创建任意数量的视图。可以通过功能区“视图”选项卡中的“创建”面板创建各种视图，也可以在项目浏览器中创建不同类型的视图。

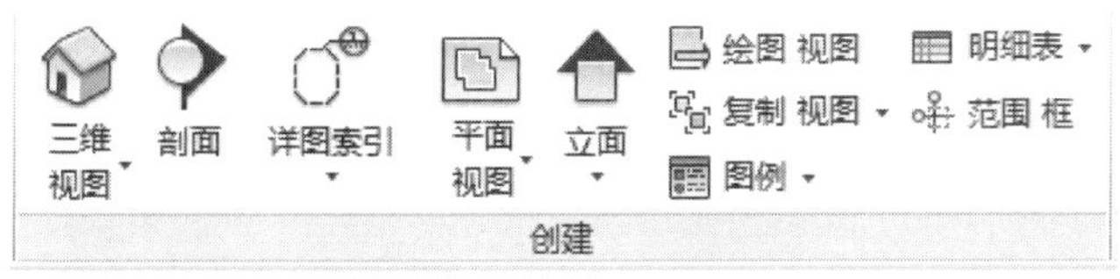

图 2-26　“创建”视图工具

在项目设计过程中，同一视图常常需要复制出多个来应对不同的使用目的。当各视图的规程或子规程不同时，可以根据规程或子规程的不同，使其在项目浏览器中分别成组显示。但如果各视图的各参数相同，就只有通过视图名称来区分它们的用途。如图 2-27 所示，在一层平面中含有 3 个不同用途的视图，分别是排水系统、消防系统和给水系统。

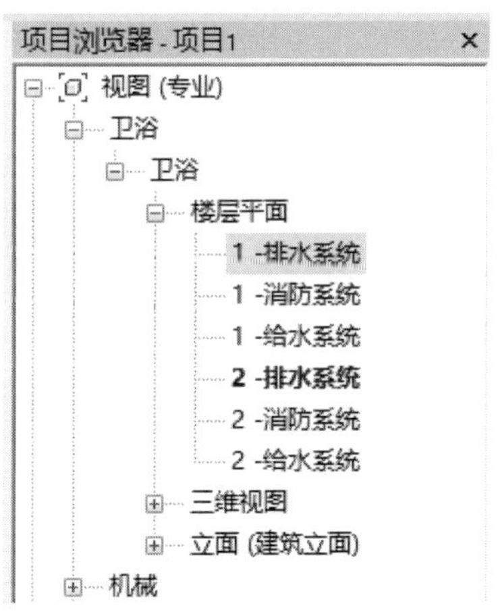

图 2-27　创建不同用途的视图

为了更好地控制各视图模型的显示方式，用户可以在相应视图中通过输入快捷键 VV 打开“可见性/图形替换”对话框。如图 2-28 所示，该对话框共包含 5 个选项卡：模型类别、注释类别、分析模型类别、导入的类别和过滤器。用户可以根据需要设置图元投影显示样式及可见性。

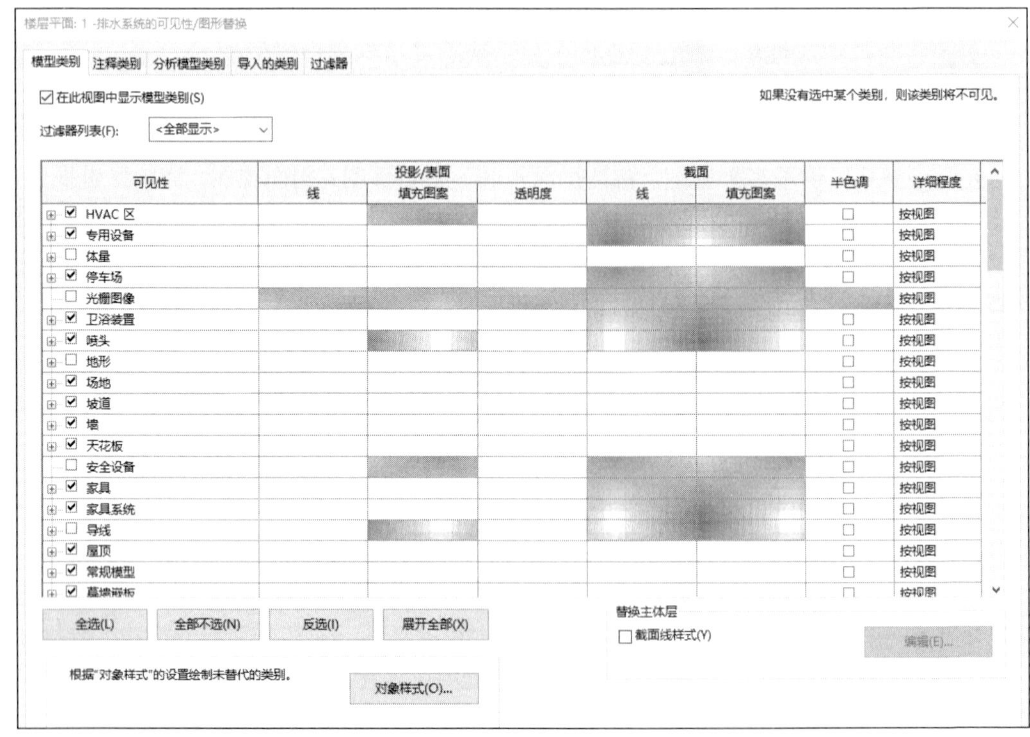

图 2-28 “可见性/图形替换”对话框

下面对各类视图做详细说明。

1. 楼层平面视图/天花板平面视图

平面视图是沿水平方向，按指定的高度、偏移位置剖切生成的视图。在进行 Revit MEP 创建时，经常会参考建筑或结构专业的标高创建属于自己的标高，可以通过“协作”选项卡—“坐标”面板—“复制/监视”按钮实现，如图 2-29 所示。

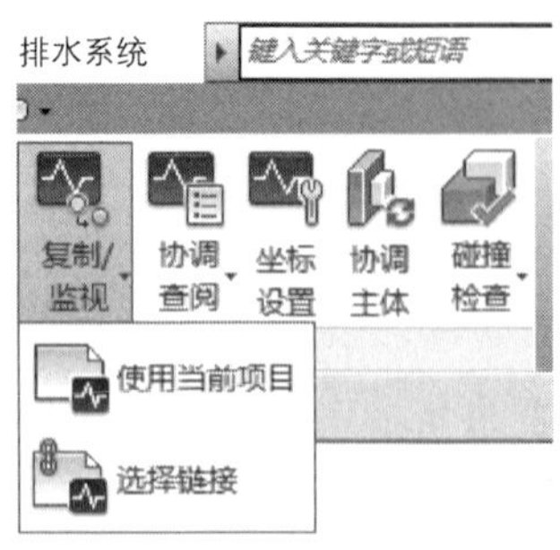

图 2-29 “复制/监视”按钮

在创建项目标高时，默认可以自动创建对应的楼层平面视图；在立面视图中，已创建的楼层平面视图的标高标头显示为蓝色，无平面关联的标高标头显示为黑色。可以通过使用“视图”选项卡—“创建”面板—“平面视图”选项手动创建楼层平面视图。

单击“属性”面板中“视图范围”按钮，打开“视图范围”对话框，如图 2-30 所示，定义视图的剖切位置。

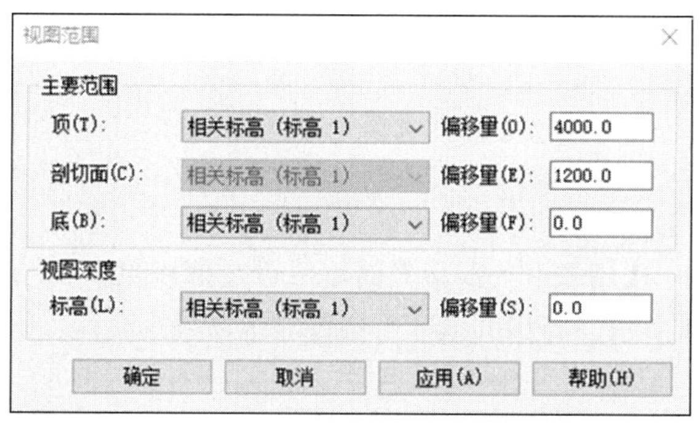

图 2-30　“视图范围”对话框

天花板平面视图与楼层平面视图类似，但是天花板平面视图的观察方向与楼层平面视图相反，天花板平面视图是从剖切面向上观察模型进行投影显示的，如图 2-31 所示，而楼层平面视图是从剖切面位置向下观察模型进行投影显示的。

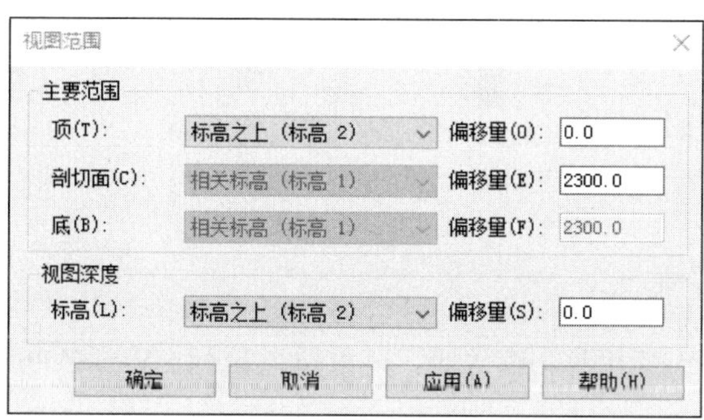

图 2-31　天花板平面视图的“视图范围”对话框

2. 立面视图

在 Revit MEP 中，默认每个项目包含东、西、南、北 4 个立面视图，可以通过双击楼层平面视图中的立面视图符号进入相应立面视图。Revit MEP 允许用户创建任意立面视图。

3. 剖面视图

通过在平面视图指定位置绘制剖面符号线，在该位置对模型进行剖切，根据剖切和投影方向生成投影。剖面视图具有明确的剖切范围，可以通过鼠标指针拖动剖面标头控制剖切深度范围。

4. 三维视图

Revit MEP 中的三维视图分 2 种：正交三维视图和透视图。在正交三维视图中，不管相机距离的远近，所有构件的大小均相同，可以通过单击快速访问栏“默认三维视图”按钮进入三维视图，如图 2-32 所示。

通过使用“视图”选项卡—“创建”面板—“三维视图”—“相机”选项创建透视三维视图，如图 2-33 所示。离相机越远的构件显示得越小。

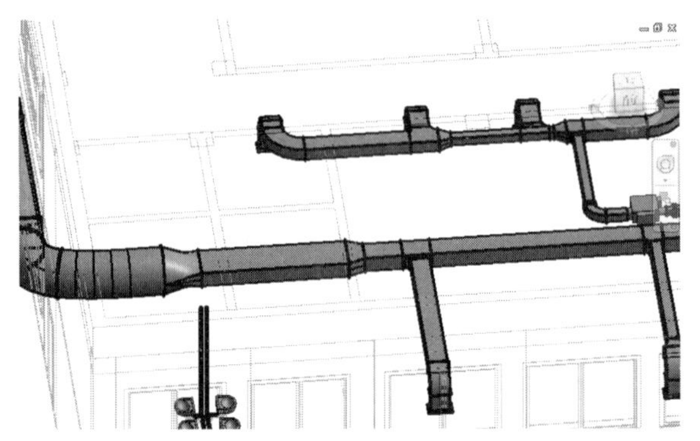

图 2-32　三维视图

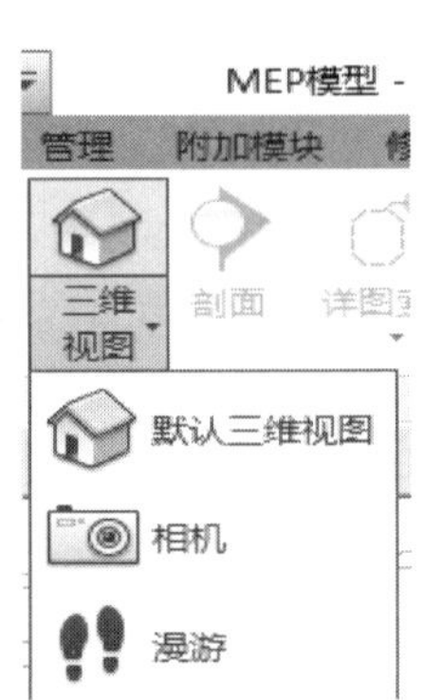

图 2-33　“相机”选项

2.2.3　视图基本操作

视图的基本操作包括平移、缩放等，可以通过鼠标、ViewCube、导航栏对视图进行修改。

1. 鼠标

在各视图中，通过滚动鼠标滚轮可以对视图进行缩放，按住鼠标左键并拖动，可实现视图的平移。在三维视图中，按住 Shift 键和鼠标中键并拖动鼠标，可实现三维视图的旋转。

2. ViewCube

在三维视图中，可以使用 ViewCube 旋转设计或定向视图，如图 2-34 所示。通过单击 ViewCube 各边或面，可以在模型的各立面、等轴测图间进行切换。在 ViewCube 上按住鼠标左键并拖动，其作用与按住 Shift 键和鼠标中键并拖动的效果类似。

3. 导航栏

导航栏包括平移查看工具和视图缩放工具，如图 2-35 所示。单击导航栏上方第一个圆盘图标（平移查看工具），将进入全局控制盘，如图 2-36 所示。全局控制盘包括缩放、平移、动态观察等按钮。导航控制盘将跟随鼠标指针的移动而移动。

图 2-34　ViewCube

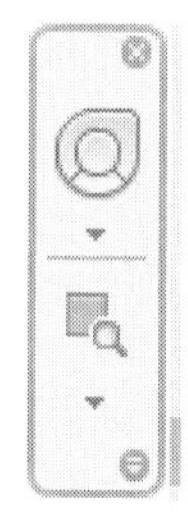

图 2-35　导航栏

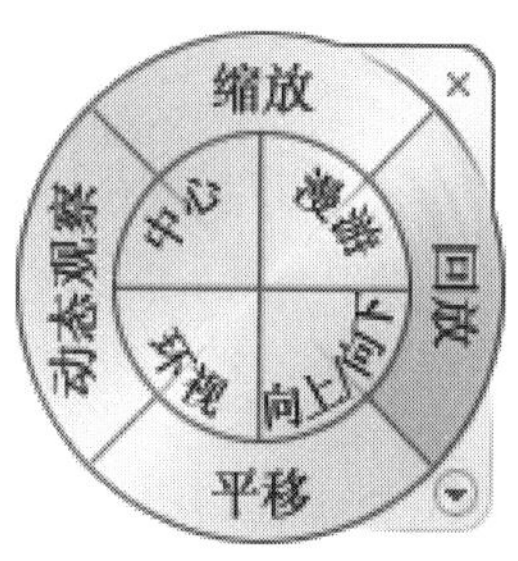

图 2-36　全局控制盘

另外一个工具为视图缩放工具，单击下拉按钮，可以查看 Revit MEP 提供的缩放命令，如图 2-37 所示。

此外，还可以通过功能区中“视图”选项卡控制视图。如图 2-38 所示，在“窗口”面板中提供了平铺、切换窗口等按钮。单击“平铺”按钮，可以打开所有已打开的视图窗口。这些视图占用计算机的大量存储资源，造成系统卡顿，可以通过单击“关闭隐藏对象”按钮一次性关闭所有隐藏的视图，节省系统资源。

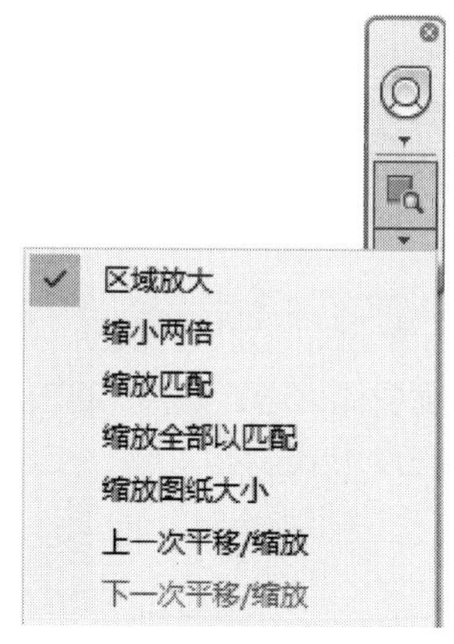

图 2-37　缩放命令

图 2-38　“窗口”面板

2.2.4 视图显示及样式

Revit MEP 在各个视图中均提供了视图控制栏，可以控制各视图中图元的显示状态。

1. 视图比例

视图比例用于控制模型尺寸与当前视图显示之前的关系。单击“1∶100”按钮，如图 2-39 所示，弹出的菜单中包含了常用的视图比例，如果没有需要的比例，用户可以通过“自定义”选项进行设置。

注意：“比例”不会改变图元的实际尺寸，仅改变文字、尺寸标注等注释信息的大小。

自定义...
1 : 1
1 : 2
1 : 5
1 : 10
1 : 20
1 : 25
1 : 50
1 : 100
1 : 200
1 : 500
1 : 1000
1 : 2000
1 : 5000
1 : 100

图 2-39　视图比例

2. 详细程度

Revit MEP 提供粗略、中等、详细 3 种显示模式。如图 2-40 所示为管道及其管件在 3 种模式下的详细程度，其中管道系统在粗略、中等模式下表现样式相同。

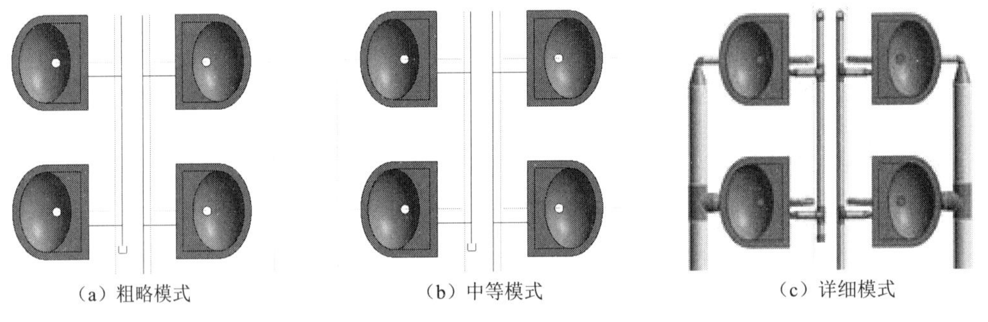

（a）粗略模式　（b）中等模式　（c）详细模式

图 2-40　3 种显示模式

3. 视觉样式

Revit MEP 提供了 6 种视觉样式：线框、隐藏线、着色、一致的颜色、真实、光线追踪。一般设置为线框或隐藏线模式，这样能节约系统资源，运行速度较快。如图 2-41 所示为风管及其管件在三维视图中 6 种视觉样式下的表现形式。

4. 打开/关闭日光路径、打开/关闭阴影

通过单击“打开/关闭日光路径”按钮，对太阳所在的方向、出现的时间等进行相关设置，同时单击“打开/关闭阴影”按钮显示模型阴影，增强模型的光照阴影以增强模型的表现力。

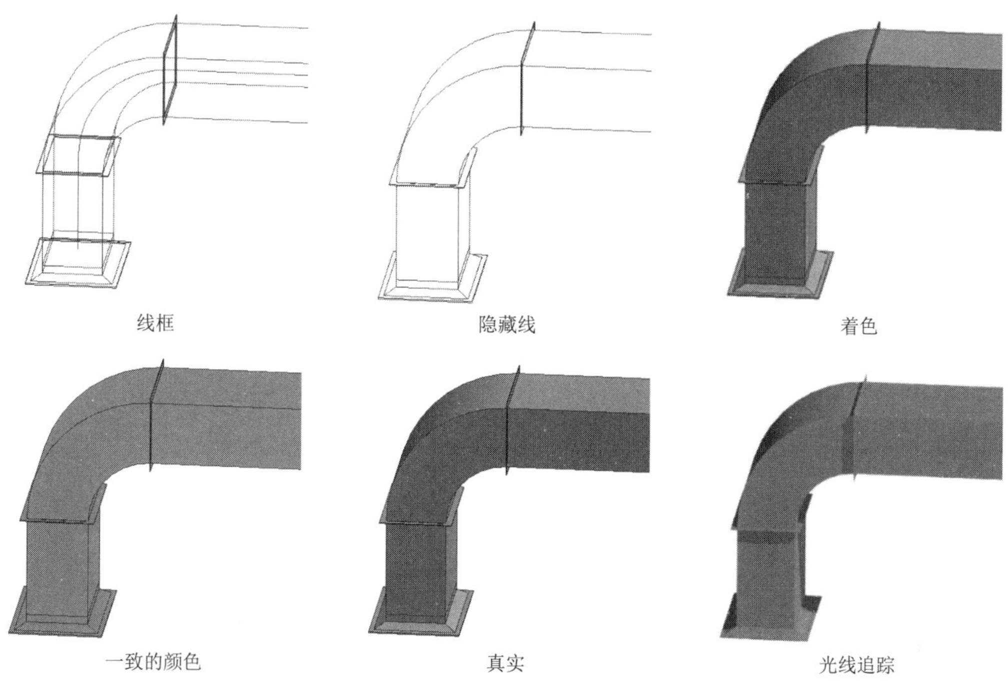

图 2-41 风管及其管件在三维视图中 6 种视觉样式下的表现形式

5. 显示/隐藏渲染对话框（仅三维视图才可使用）

单击“显示/隐藏渲染对话框”按钮，将打开“渲染”对话框，如图 2-42 所示，以便对引擎、质量、输出设置、照明、背景、图像、显示等进行详细的设置。

6. 裁剪视图、显示/隐藏裁剪区域

单击“裁剪视图”按钮，可以控制是否对当前视图进行裁剪。通过拖动裁剪边界，可以对视图进行裁剪。裁剪后，裁剪框外的图元不显示。

视图裁剪区域定义了视图中用于显示项目的范围，可以根据需要设置是否显示裁剪区域。

7. 临时隔离/隐藏图元和显示隐藏图元

选择某个图元后，单击“临时隔离/隐藏图元”按钮，将弹出菜单，如图 2-43 所示，选择“隐藏图元”选项将隐藏所选图元；选择“隔离图元”选项将隐藏所有未被选定的图元。可以根据图元或类别的方式对图元进行隐藏或隔离。

上述操作是临时性隐藏或隔离图元，可以随时恢复默认状态，如果需要永久性隐藏或隔离图元，可以在菜单中选择“将隐藏/隔离应用到视图”选项。

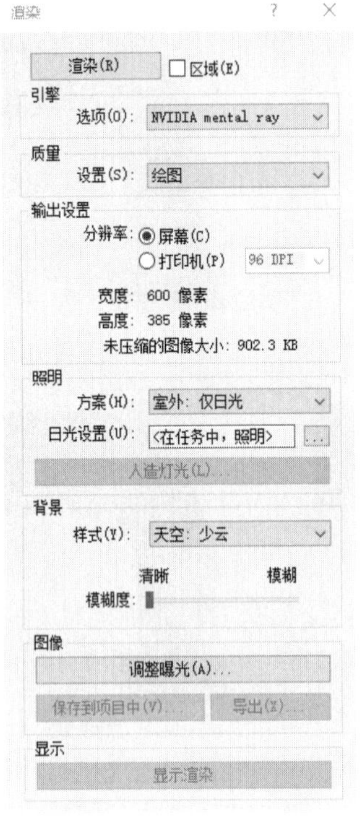

图 2-42 “渲染”对话框

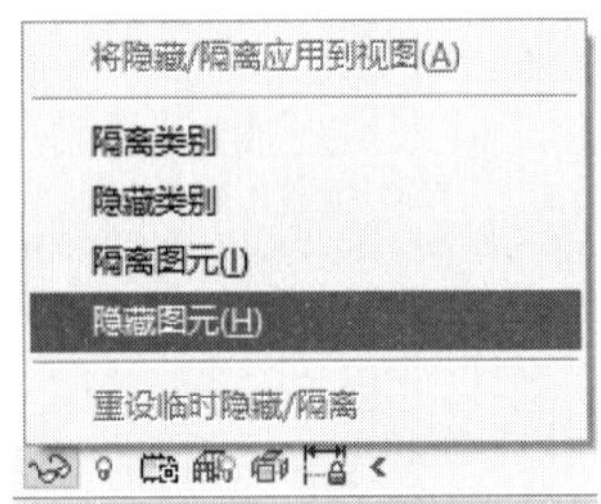

图 2-43 临时隔离/隐藏图元

要查看项目中隐藏的图元，可以单击视图控制栏中的“显示隐藏的图元”按钮，则 Revit MEP 将以黑色边框显示被隐藏的图元，如图 2-44 所示。

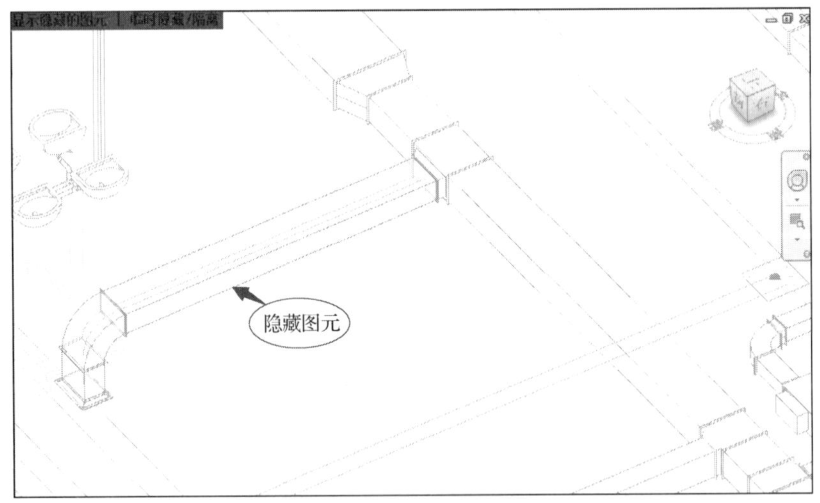

图 2-44 查看项目中隐藏的图元

选择被隐藏的图元，单击“显示隐藏的图元”—“取消隐藏图元”按钮可以恢复图元在视图中的显示，如图 2-45 所示。

注意：恢复图元显示后，单击“切换显示隐藏图元模式”按钮或再次单击视图控制栏按钮，将返回正常显示模式。

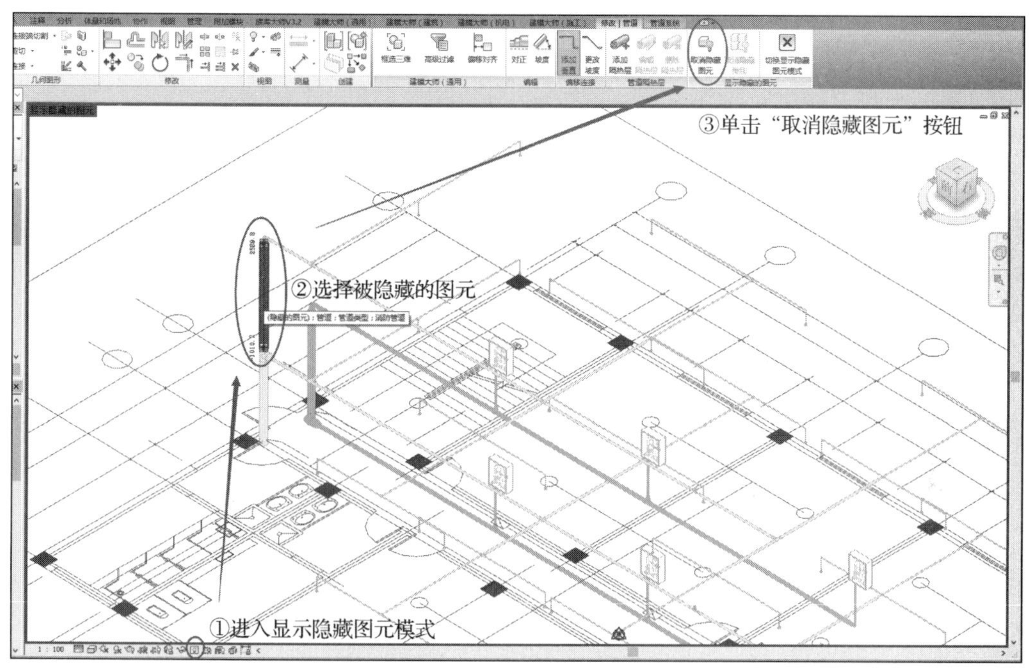

图 2-45 取消隐藏图元

2.3 图元基本操作

2.3.1 图元选择

Revit MEP 提供了多种修改和编辑图元的工具，包括“修改”“旋转”和“复制”等常用工具。要对图元进行修改和编辑，首先必须选择图元。在 Revit MEP 中提供了 3 种选择图元的方法，即单击选择、框选选择、按过滤器选择。

1. 单击选择

若要选择系统中的单个构件，则移动鼠标指针至任意构件上，Revit MEP 将高亮显示该构件，并在状态栏中显示有关构件的信息，单击即可选择。

如果系统中多个构件彼此重叠或接近，可以移动鼠标指针到该区域上并按 Tab 键，

Revit MEP 将循环高亮预览显示各构件，直至状态栏描述所需构件为止，如图 2-46 所示。按 Shift+Tab 键可按相反的顺序循环切换构件。

如果要选择系统中多个构件，可以按住 Ctrl 键，再单击要添加到选择集中的图元。同理，如果想要从选择集中取消该构件的选择，可以按住 Shift 键单击已选图元。

若要选择某个类别的图元，可先单击图元，图元被选中后高亮显示，再在图元上右击，选择“选择全部实例”选项，即可选择某一图元或族类型的全部实例，如图 2-47 所示。

2. 框选选择

Revit MEP 中框选与 AutoCAD 中框选相同，若仅选择完全位于选择框边界之内的图元，则从左至右拖动鼠标指针；若要选择全部或部分位于选择框边界之内的任意图元，则从右至左拖动鼠标指针。

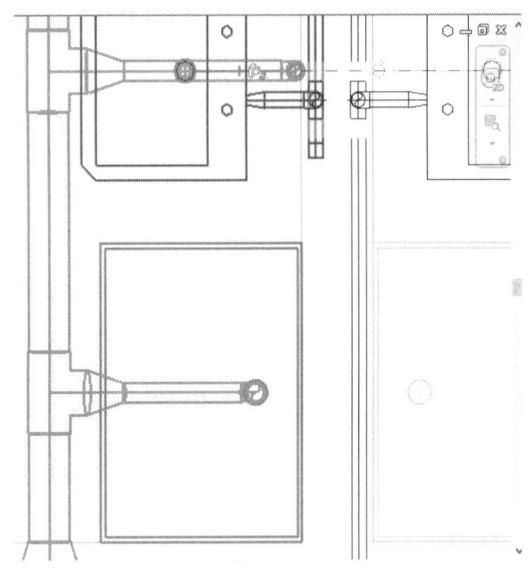

图 2-46　按 Tab 键选择

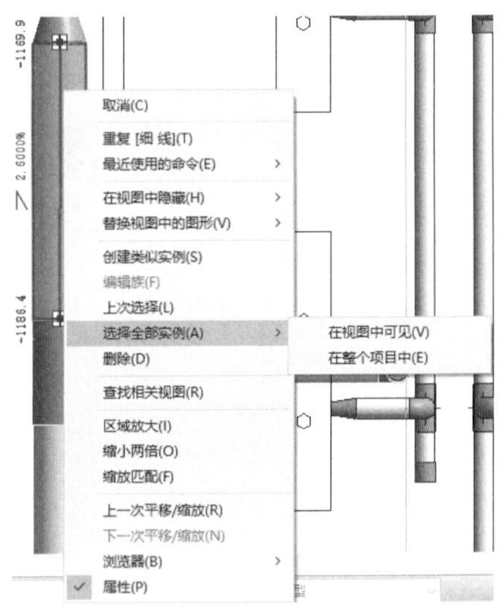

图 2-47　选择全部实例

3. 按过滤器选择

当选择集中包含不同类别的图元时，可以使用过滤器，如图 2-48 所示。“过滤器”对话框中列出了当前选择的所有类别的图元，用户可以选择和删除某一类别的所有图元。

但是无论使用哪种选择方式，都需要使用“修改”工具，如图 2-49 所示。在绘图区域右下角也有选择按钮，与“选择”下拉菜单中的选项是对应的，如图 2-50 所示。

“修改”工具默认条件下不需要手动选择，当软件不执行任何命令时，系统会自动切换到“修改”工具。在功能区的“修改”工具下，单击“选择”下拉按钮，展开下拉菜单，如图 2-51 所示。其中包括以下选项。

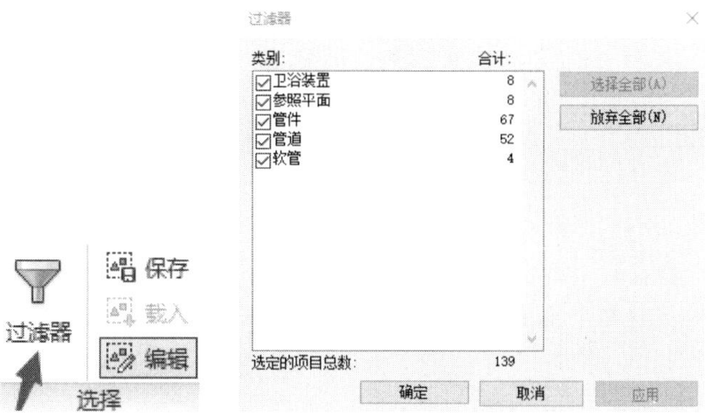

图 2-48　过滤器选择

图 2-49　图元修改工具

图 2-50　选择工具按钮

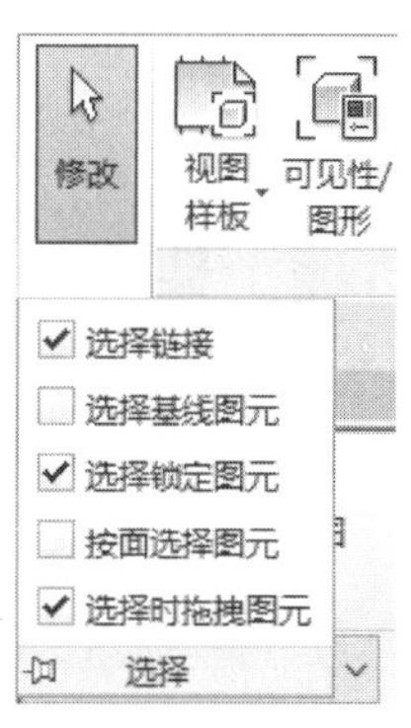

图 2-51　“选择”下拉菜单

选择链接：要选择链接文件或链接中的各图元时，启用该选项。

选择基线图元：要选择基线中包含的图元时，启用该选项。

选择锁定图元：要选择被锁定到位且无法移动的图元时，启用该选项。

按面选择图元：要通过单击内部面而不是边来选择图元时，启用该选项。

选择时拖拽图元：可拖拽无须选择的图元，若要避免选择图元时意外移动，可禁用该选项。

2.3.2　图元修改

Revit MEP 提供了大量的图元修改工具，包括“对齐”“偏移”“镜像”“移动”“复选”“旋转”“修剪和延伸图元”“拆分图元”“陈列”等，如图 2-52 所示。

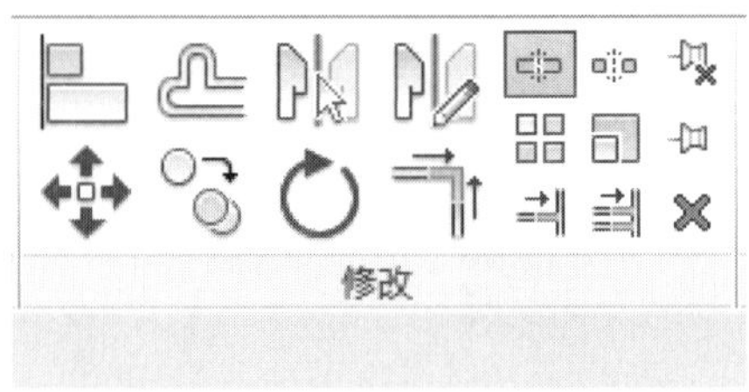

图 2-52　图元“修改”面板

对齐：将一个或多个图元与选定图元对齐。先单击选择对齐的目标，再单击选择要移动的图元，如图 2-53 所示。单击“对齐”按钮后，在选项栏上选中“多重对齐”选项，将多个图元与所选图元对齐。

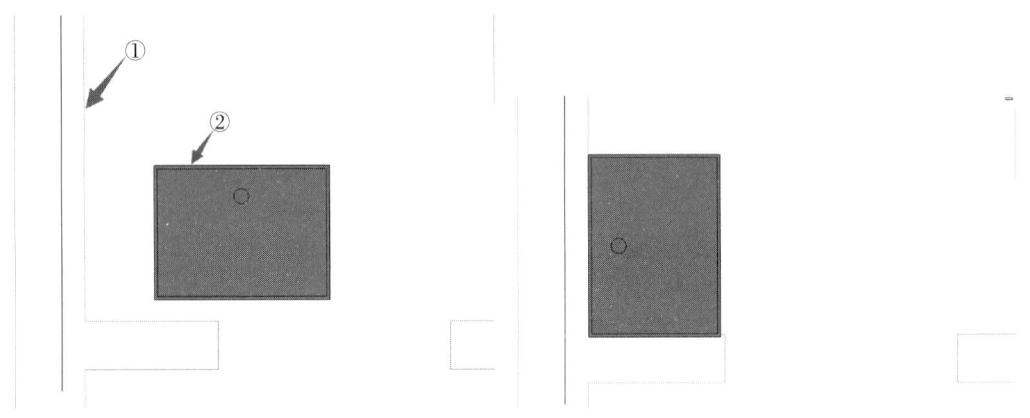

图 2-53　对齐操作

偏移：可以选定模型线、详图线、墙和梁进行复制、移动。如图 2-54 所示，可在选项栏中指定拖动图形方式或输入数值方式来指定偏移距离。当不选中选项栏中“复制”选项时，相当于移动图元。

图 2-54　偏移选项栏

镜像（镜像-拾取轴和镜像-绘制轴）：使用一条线作为镜像轴，对所选模型图元执行镜像，如图 2-55 所示。可以拾取或绘制镜像轴。

移动：类似于拖动，可以将一个或多个图元从一个位置移动到另一个位置。如图 2-56 所示，在选项栏中选中“约束”选项，可限制图元沿着与其垂直或共线的矢量方向移动。

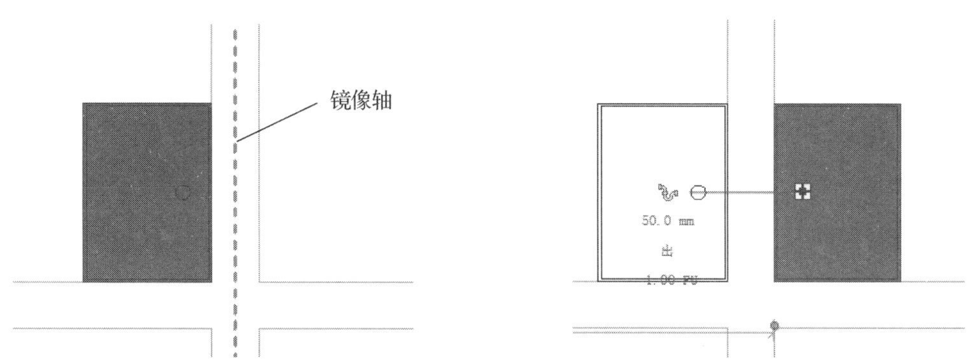

图 2-55　镜像操作

图 2-56　移动选项栏

复制：可复制一个或多个选定图元，并可随机在图纸中放置副本。如图 2-57 所示，若想连续复制图元，可选中选项栏中的“多个”选项。

图 2-57　复制选项栏

旋转：可使图元绕轴转动。默认旋转中心位于图元中心，移动鼠标指针至旋转中心标记位置，按住鼠标左键将其拖动至新的位置后松开，即可设置新的旋转中心。先确定起点旋转角边，再确定终点旋转角边，如图 2-58 所示。在旋转时，选中选项栏中的“复制”选项，可在旋转时创建所选图元的副本。

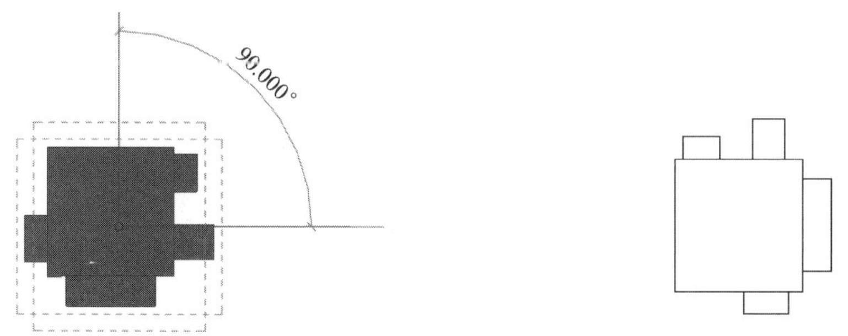

图 2-58　旋转操作

修剪和延伸图元（修剪/延伸角部、修剪/延伸单一图元、修剪/延伸多个图元）：

可以修剪或延伸一个或多个图元至相同的图元类型定义的边界。用户必须先选择修剪或延伸的目标位置，再选择修剪或延伸的对象即可。如图 2-59 所示，MEP 风管连接时，单击按钮，系统自动在连接处创建了“T 型三通”连接构件。

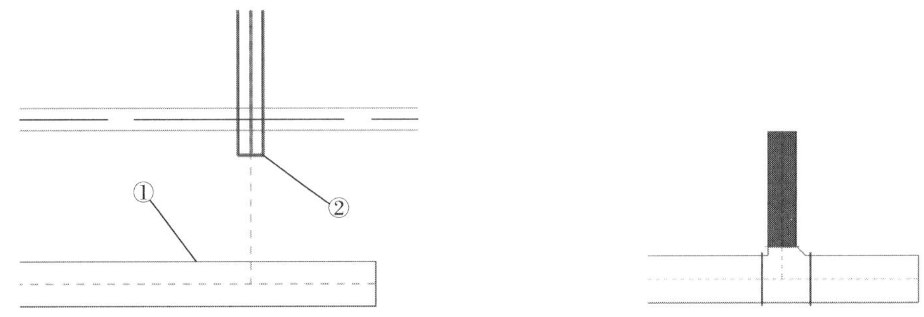

图 2-59 修剪和延伸图元操作

拆分图元（拆分图元、用间隙拆分）：拆分有两种方法，分别是“拆分图元”和“用间隙拆分”。通过“拆分”工具，可将图元分割成两个单独的部分，可删除两点之间的线段。如图 2-60 所示，将一段管道拆分成两段后，系统自动在拆分处添加了“管接头”，以保证管道系统的完整性。

图 2-60 拆分图元操作

阵列：用于创建一个或多个相同图元的线性阵列或半径阵列，可以通过选项栏选择阵列方式和图元数目，如图 2-61 所示。阵列后的图元自动成组，如果要修改阵列后的图元，需要进入编辑模式。

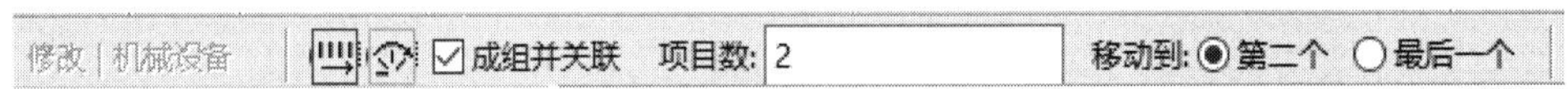

图 2-61 阵列选项栏

2.3.3 图元限制及临时尺寸

1. 尺寸标注的限制条件

当锁定尺寸标注时，即创建了限制条件。选择限制条件的参照物时，会以虚线显示该限制条件，如图 2-62 所示。

2. 相等限制条件

选择一个多段尺寸标注时，相等限制条件会在尺寸标注线附近显示为一个“EQ”符号。选择尺寸标注的一个参照物时，则会出现“EQ”符号，并在参照的中间出现一条虚线。

3. 临时尺寸

当单击项目中图元时，图元周围就会出现临时尺寸，修改尺寸上的数值，就可以修改图元的位置，如图 2-63 所示。

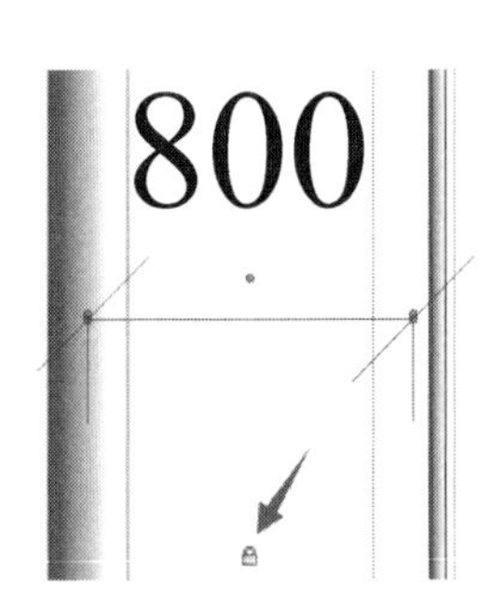

图 2-62　尺寸标注限制（放大）

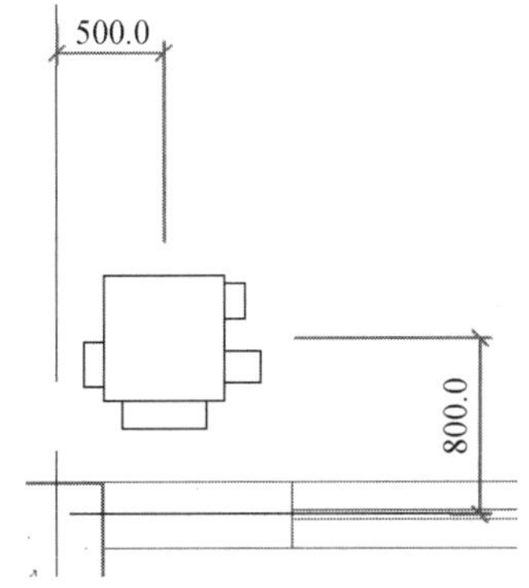

图 2-63　临时尺寸

本 章 小 结

本章主要对 Revit MEP 的界面、视图控制、图元的基本操作做了详细介绍，并且通过实际操作，详细阐述了如何用鼠标配合键盘控制视图的浏览、缩放、旋转等基本功能以及对图元的复制、移动、对齐、阵列的基本编辑操作，还介绍了通过尺寸标注来约束图元和通过临时尺寸标注来修改图元位置。这些内容都是 Revit MEP 操作的基础，只有通过练习掌握基本的操作后，才能更加灵活地应用软件创建和编辑各种复杂的模型。

暖通空调系统设计

3.1 风管的绘制及标注

3.1.1 风管系统界面介绍

风管系统的绘图命令按钮主要在“系统”选项卡下面，包括“HVAC”“预制”及“机械”等面板。项目浏览器中包含“卫浴”、“机械”及相应的族类型，如图 3-1 所示。

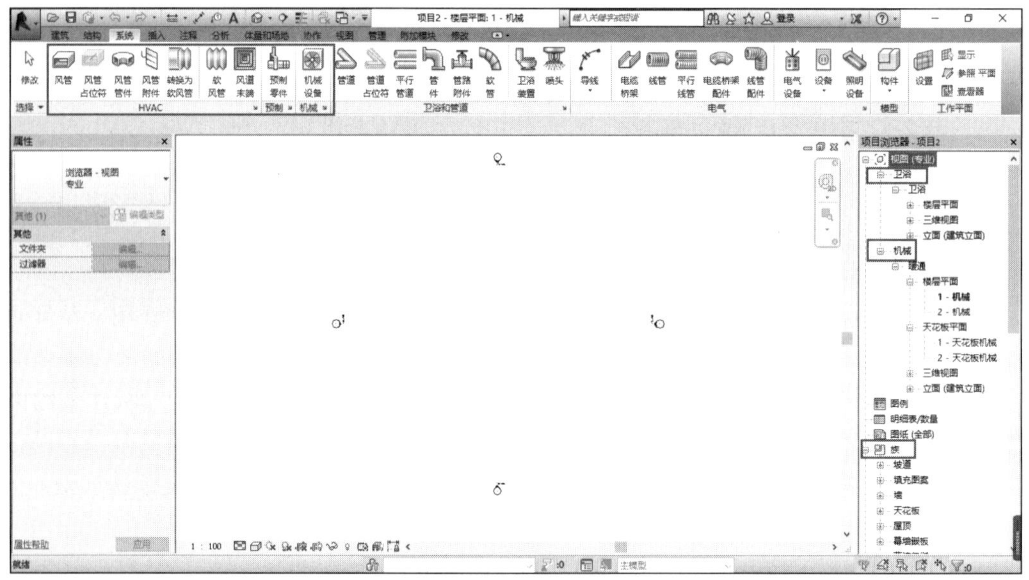

图 3-1 风管系统界面

3.1.2　风管参数的设置方法

（1）打开 Revit MEP 软件，选择界面左边“机械样板”选项，如图 3-2 所示，或者在“新建项目”对话框中选择“机械样板”选项来创建新项目，如图 3-3 所示。

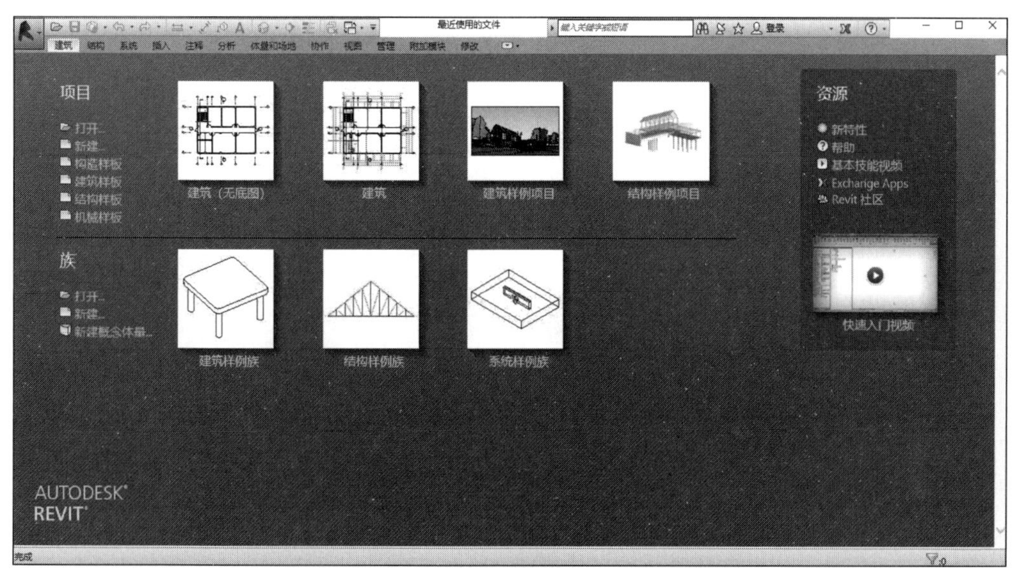

图 3-2　在界面上选择“机械样板”选项

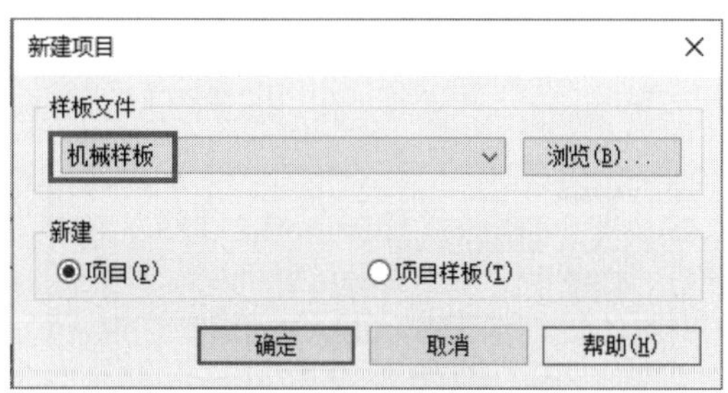

图 3-3　在“新建项目”对话框中选择“机械样板”选项

（2）风管相关参数设置。

选择“系统”选项卡—“HVAC”面板—“风管”选项，或者使用快捷键 DT，打开“修改丨放置风管”界面，如图 3-4 所示。

单击“属性”按钮，打开“属性”面板，单击“编辑类型”按钮，打开“类型属性”对话框，可在此处编辑风管类型等参数，单击“布管系统配置”右侧的“编辑”按钮，打开“布管系统配置”对话框，通过“弯头”“首选连接类型”或者载入族文件等可以对风管构件进行编辑，如图 3-5 所示。

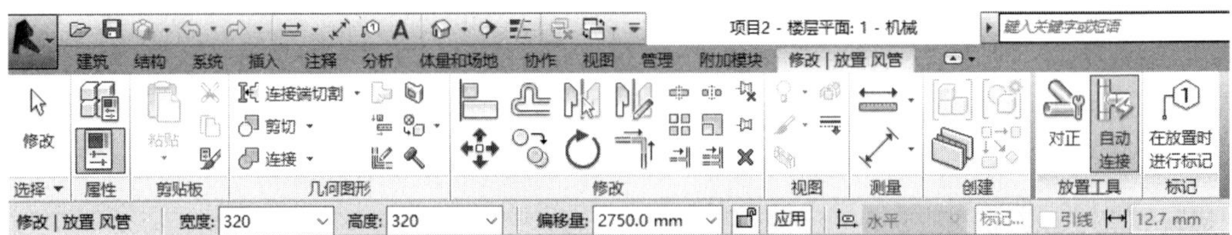

图 3-4 “修改 | 放置风管”界面

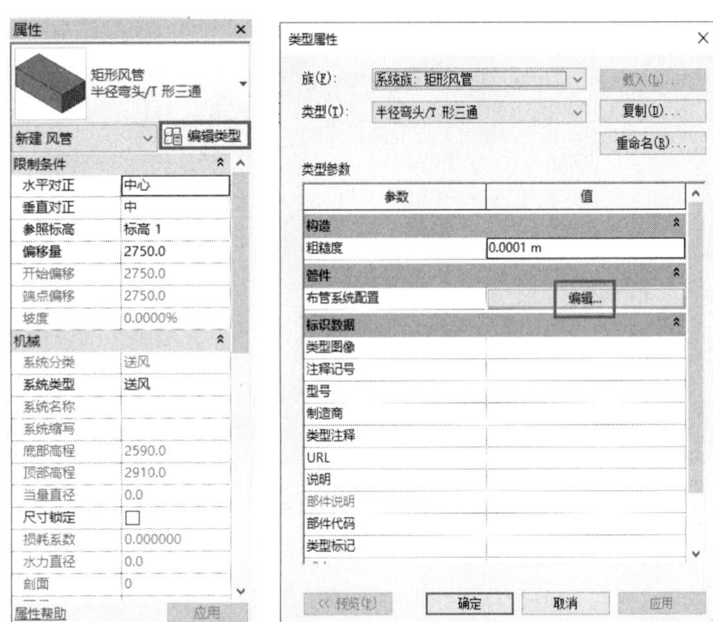

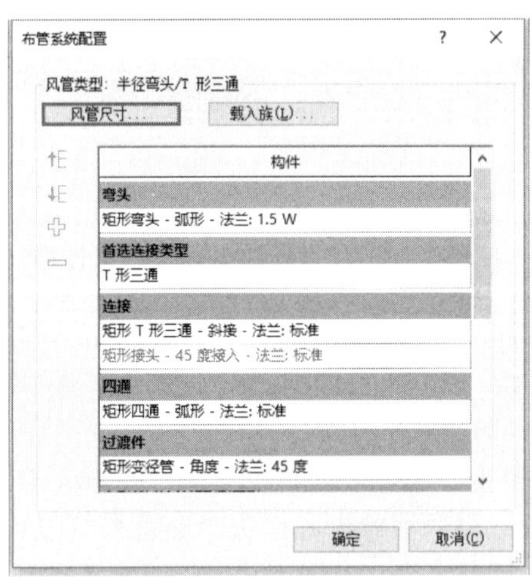

图 3-5 风管相关参数设置

3.1.3　风管的绘制方法

（1）在项目浏览器中选择“1-机械”，如图 3-6 所示，进入“1-机械”平面。下面绘制一段尺寸为 1000×500 的风管，1000 为风管宽度，500 为风管高度，单位为毫米。

（2）选择“系统”选项卡—“HVAC”面板—“风管”选项，风管类型按照要求进行选择。在选项栏中设置风管宽度为 1000，高度为 500，偏移量为 3000，系统类型按照要求更改，如图 3-7 所示。

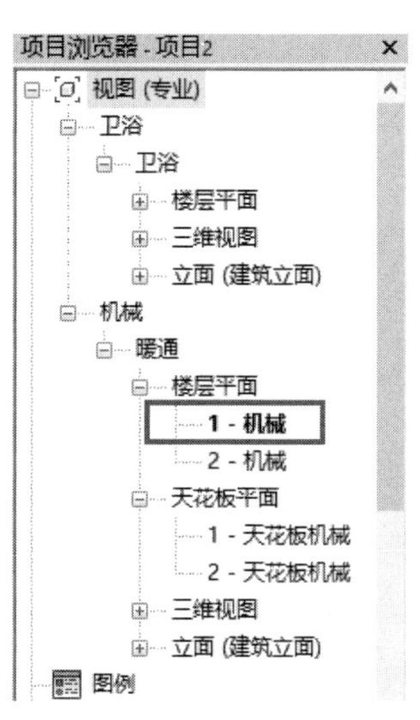

图 3-6　项目浏览器

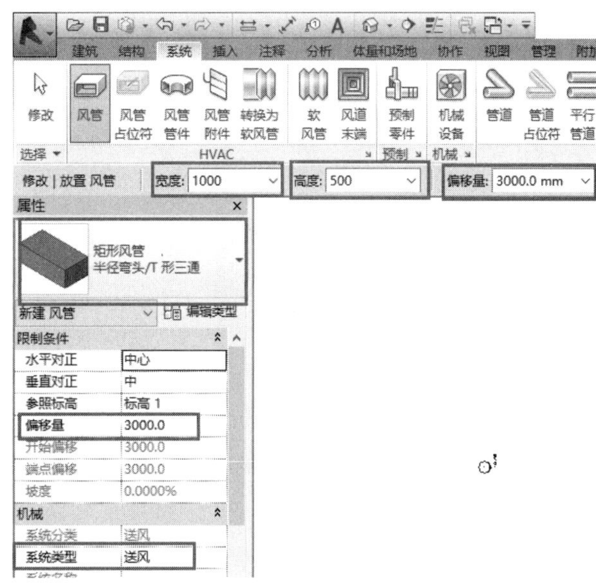

图 3-7　设置风管参数

（3）绘制风管需要单击视图两次，第一次单击选择风管的起始部位，第二次单击确认风管的终端部位。绘制好的风管如图 3-8 所示。

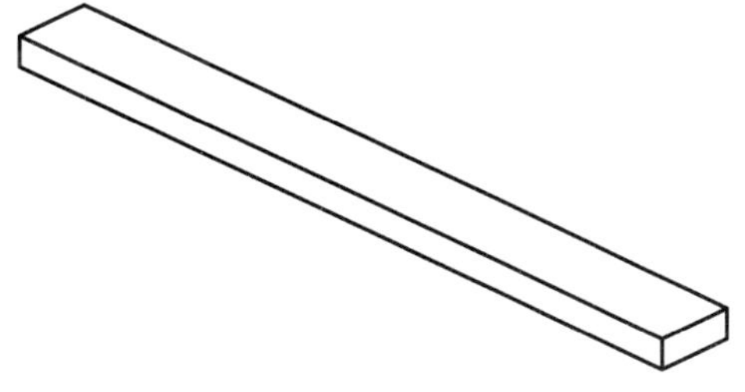

图 3-8　绘制好的风管

3.1.4 风管显示设置

（1）风管平面显示。在项目浏览器中选择“楼层平面”，如图 3-9 所示，可以切换为平面视图显示。

（2）风管立面显示。在项目浏览器中选择“立面（建筑立面）”，如图 3-10 所示，可以切换为立面视图显示，并可以选择不同视角下的立面图。

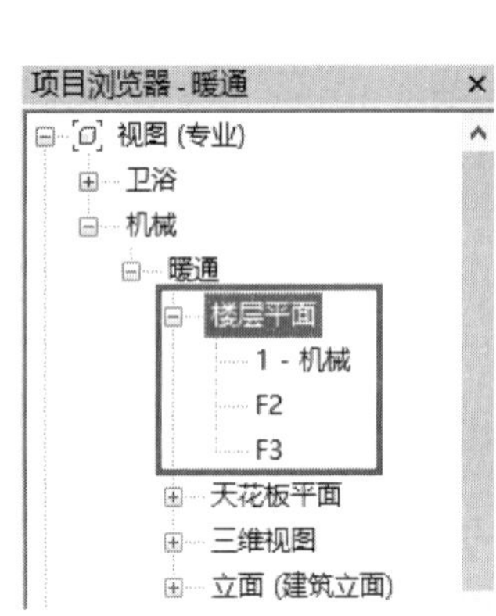
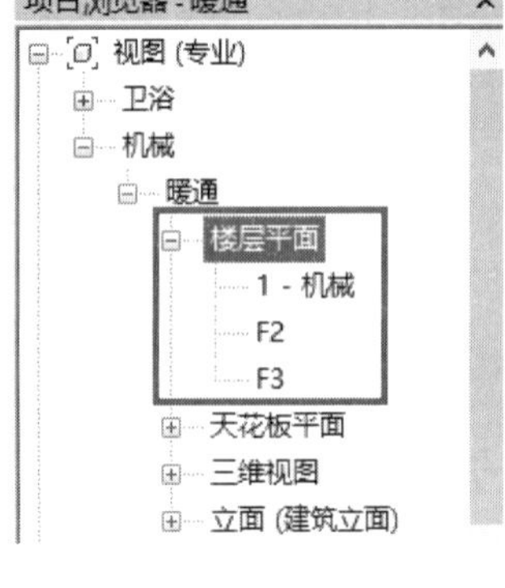

图 3-9　选择“楼层平面”视图

图 3-10　选择“立面（建筑立面）”视图

（3）风管三维显示。①在项目浏览器中选择“三维视图”，双击可以切换为三维显示；②单击“视图”选项卡—“三维视图”按钮；③快速访问工具栏里有一个房子样式的按钮，单击它也可以进入三维显示，如图 3-11 所示。

图 3-11　切换三维显示

3.1.5　风管的标注方法

（1）添加风管标记。首先载入 Revit MEP 族文件，选择“插入”选项卡—“载入族”选项，选择“注释/标记/机械/风管”下的“风管尺寸标记”族文件，然后选择“注释”选项卡—“标记”面板—“按类型标记”选项，可在选项栏中根据需要选择水平式或者垂直式标注、是否需要引线等。设置完毕，单击需要标注的风管即可，如图 3-12 所示。

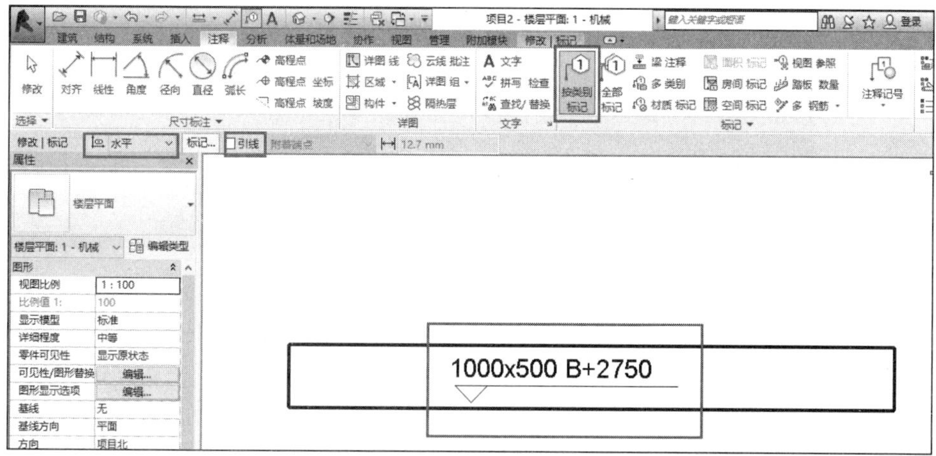

图 3-12　添加风管标记

（2）编辑风管标记。单击视图中的风管标记，单击“编辑族”按钮，或者直接双击视图中的风管标记，如图 3-13 所示。进入编辑界面，如图 3-14 所示。删除不需要的标高线，或者选择标记，单击“属性”面板的“标签-编辑”按钮，在弹出的如图 3-15 所示对话框中设置标签参数。

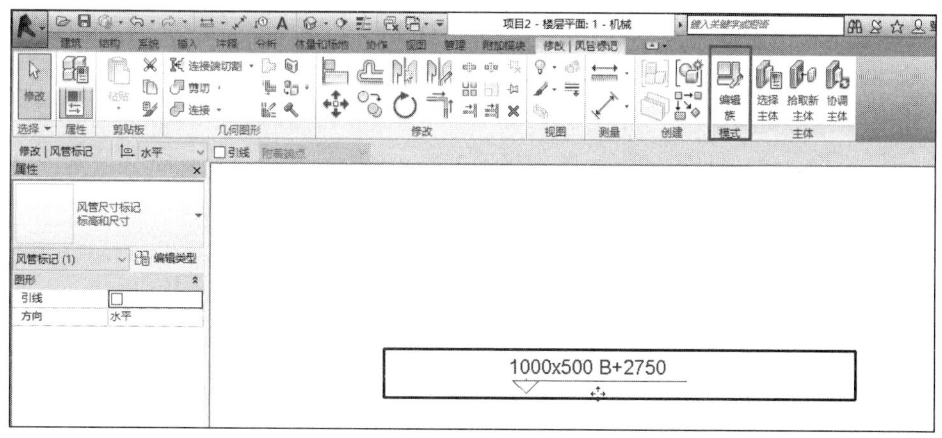

图 3-13　编辑风管标记

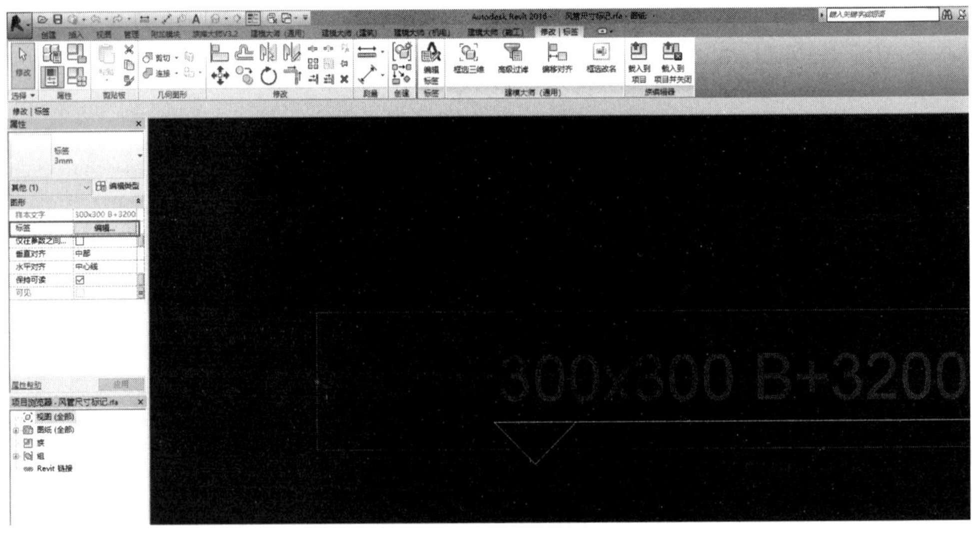

图 3-14　编辑界面

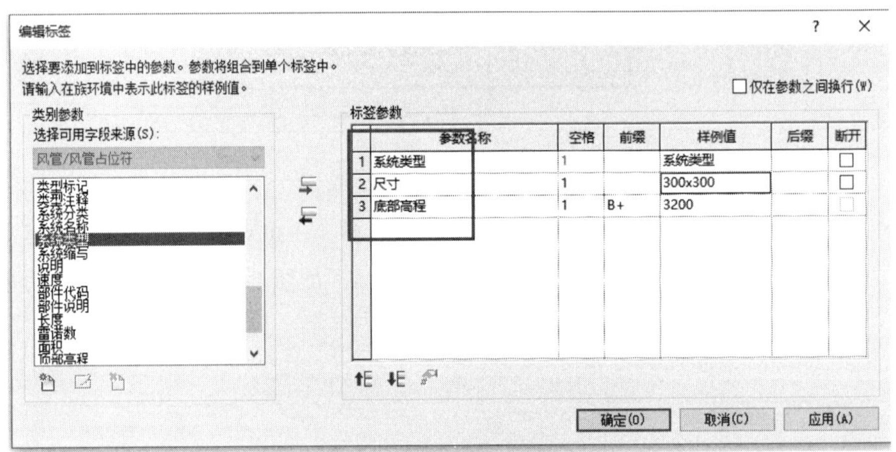

图 3-15　风管标记标签设置

可在其“类型属性”对话框中将文字大小修改为适宜大小。修改完毕单击“载入”按钮载入项目中，修改后的标记如图 3-16 所示。

送风 1000x500 B+2750

图 3-16　修改后的风管标记

3.2　项目准备及案例

3.2.1　新建项目文件

打开 Revit MEP 软件，选择界面左边“机械样板”选项，如图 3-2 所示，或者在“新建项目”对话框中选择“机械样板”选项来创建新项目，如图 3-3 所示。

3.2.2　链接建筑模型

暖通专业绘制的模型需要参照土建模型的位置信息，因此在建模前，需要先将土建的 Revit MEP 文件链接进来，并在此基础上创建新的轴网标高。

单击“插入”选项卡—“链接 Revit”按钮，打开“导入/链接 RVT”对话框，选择需要链接的土建 Revit MEP 文件，定位设置为“自动-原点到原点”，然后单击“打开”按钮即可，如图 3-17 所示。

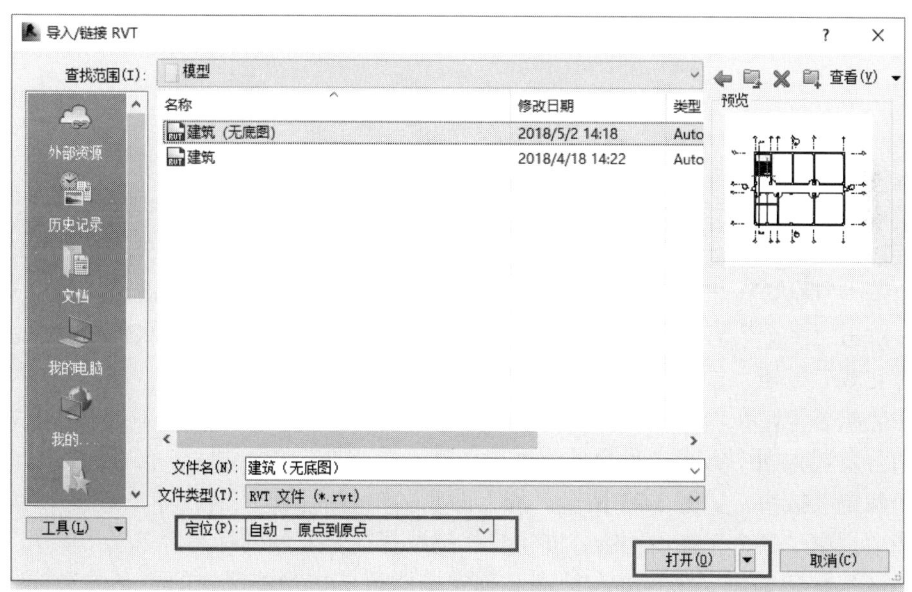

图 3-17　“导入/链接 RVT”对话框

3.2.3 复制标高及创建平面视图

链接建筑模型效果如图 3-18 所示。

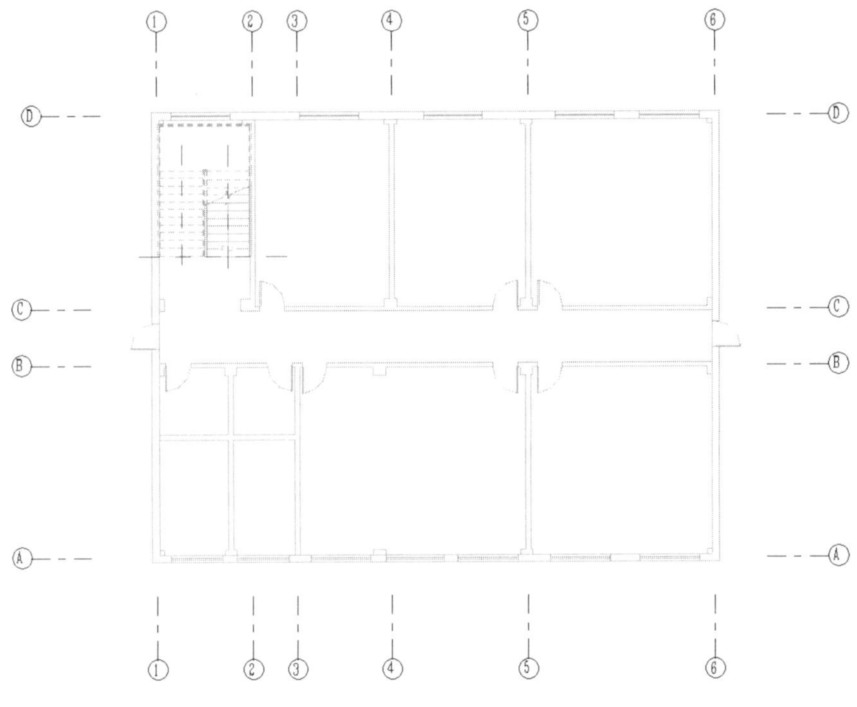

图 3-18 链接建筑模型效果

在项目浏览器中选择“暖通-1-机械”视图，将视图切换到楼层平面“1-机械”位置。选择“协作”选项卡—“复制/监视”—“选择链接”选项，界面如图 3-19 所示，然后单击链接进来的模型。

单击“复制”按钮，选中选项栏中“多个”选项，然后按住 Ctrl 键选择需要复制的轴网，单击“多个”右侧的“完成”按钮即可，注意不要单击绿色（软件原标注色）对勾的“完成”按钮，如图 3-20 所示。

在此状态下，在项目浏览器中选择“南-机械”，将视图切换到“南-机械”位置，此时我们会发现视图中有标高重合了，手动选择“标高 2”将其删除，在打开的对话框中单击“确定”按钮，如图 3-21 所示。和上面复制轴网的操作一样，单击“复制”按钮，选中选项栏中“多个”选项，然后按住 Ctrl 键选择需要复制的标高，单击“多个”右侧的“完成”按钮即可。将标高和轴网复制完毕即可单击功能区中的“完成”按钮，如图 3-22 所示。

我们会发现，在项目浏览器中“楼层平面”处并没有自动生成与之对应的楼层平面，因此需要手动添加。选择“视图”选项卡—“平面视图”—“楼层平面”选项来建立新的平面视图，如图 3-23 所示。

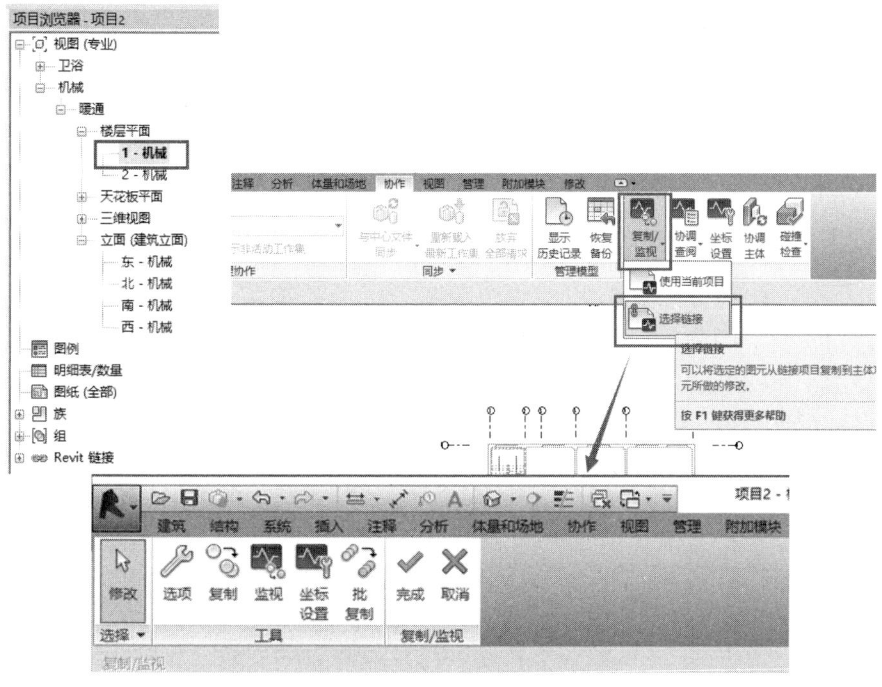

图 3-19　界面显示

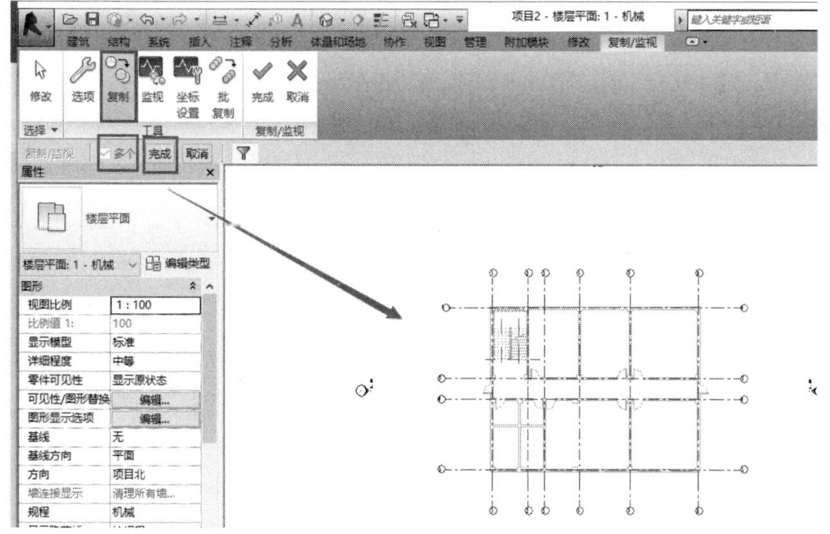

图 3-20　复制轴网

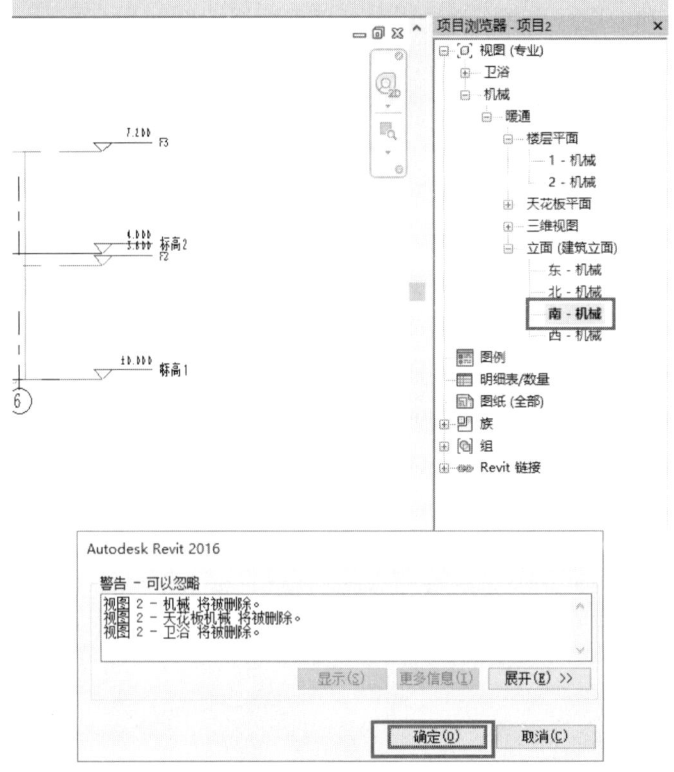

图 3-21　手动删除标高

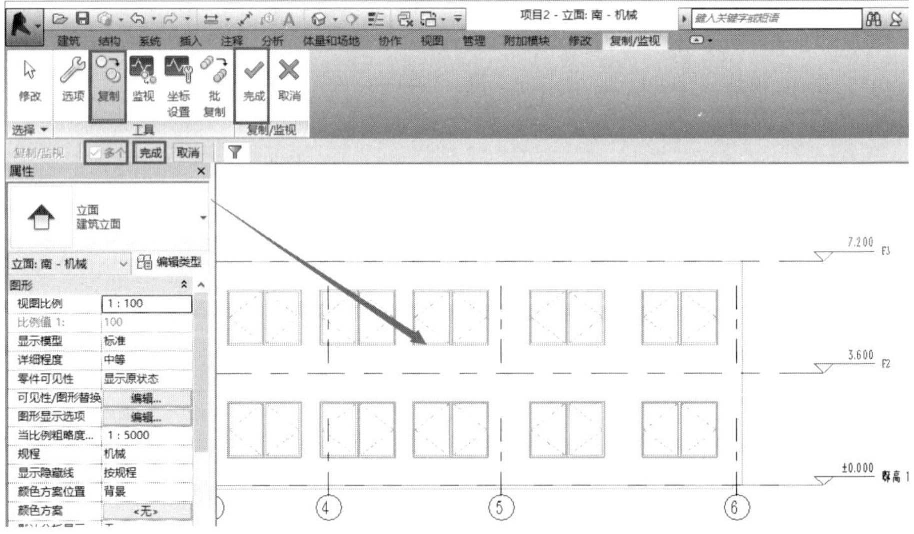

图 3-22　复制标高

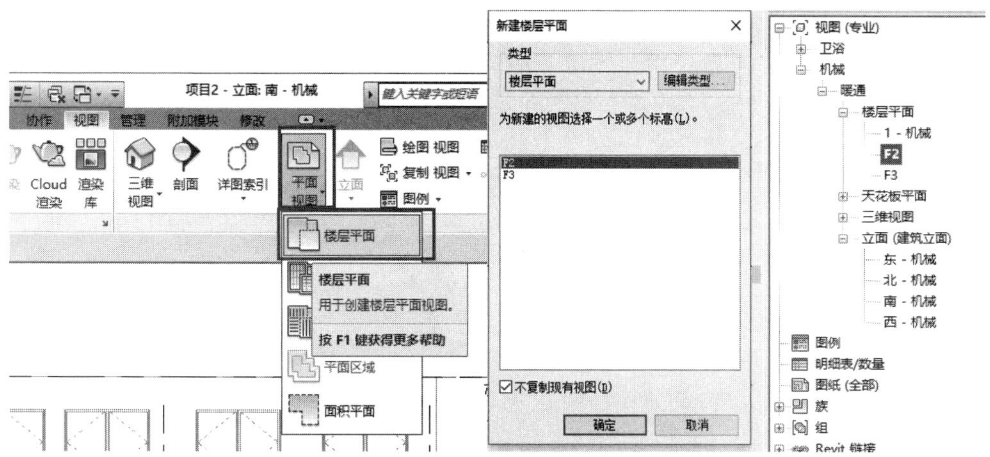

图 3-23　创建平面视图

3.2.4　导入 CAD 图纸

单击“插入”选项卡—“导入 CAD”按钮，打开“导入 CAD 格式”对话框选择需要导入的 CAD 图纸，定位设置为“自动-原点到原点”，然后单击“打开”按钮即可，如图 3-24 所示。使用“修改”选项卡—“对齐”按钮可将导入的图纸与之前链接的模型对齐，如图 3-25 所示。

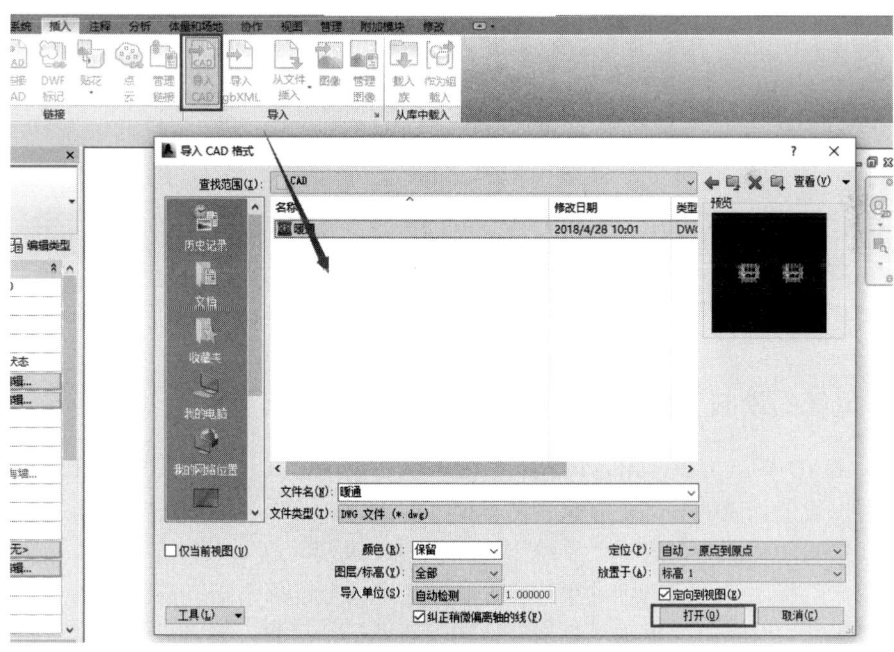

图 3-24　导入 CAD 图纸

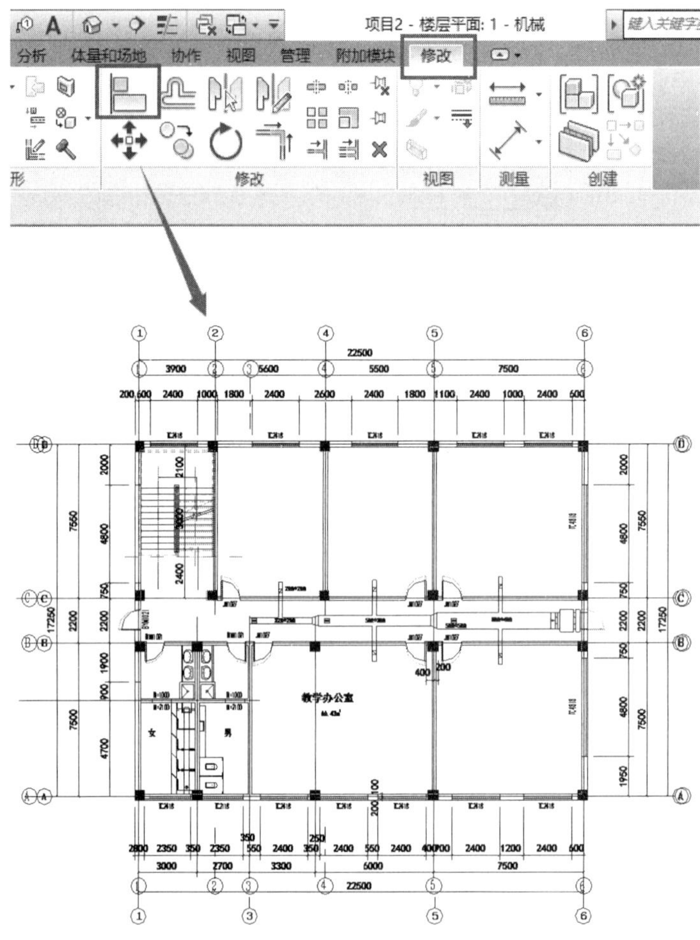

图 3-25　对齐图纸

3.3　风系统模型的建立

3.3.1　风管的绘制

从原 CAD 图纸上识读出各风管的截面形状、连接方式、截面尺寸及敷设高度等，然后就可以设置正确的参数进行风管的绘制了。

在一层平面视图中，选择“系统”选项卡—“风管”选项，单击“属性”面板类型下拉按钮，选择“矩形风管-半径弯头/T 形三通”类型，并单击“编辑类型”按钮，打开“类型属性”对话框，单击“复制”按钮，新建一个风管，输入风管名称，单击“确定”按钮即可。然后单击“编辑”按钮，打开“布管系统配置”对话框，根据 CAD 图

纸的说明来设置风管构件的类型，如图 3-26 所示，设置完毕后，单击“确定”按钮即可。

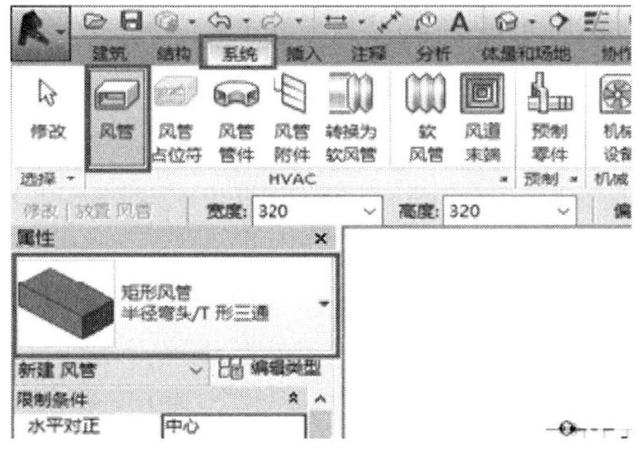

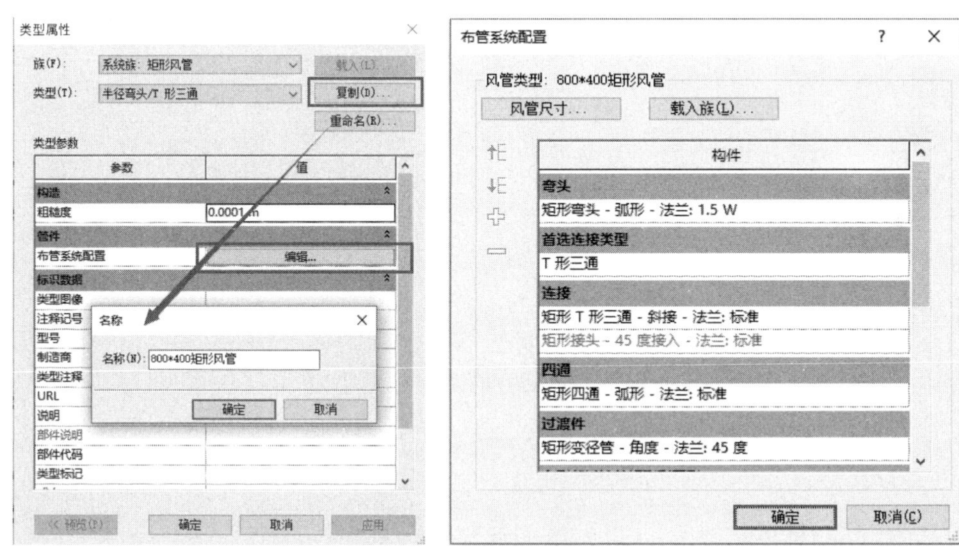

图 3-26　参数设置

3.3.2　风管颜色的设置

对于不同系统的管道，可以通过不同的颜色来区分，此处介绍采用过滤器的方法来实现此功能。

1. 新建过滤器

单击“视图”选项卡—“可见性/图形”按钮，在打开的对话框中选择“过滤器”选项卡，然后单击下方的“编辑/新建”按钮（图 3-27），打开“过滤器”对话框，新建“送风系统”过滤器（图 3-28），设置“送风系统”过滤器的过滤条件（图 3-29），单击“应用”按钮即可，可继续新建其他的风管系统（图 3-30）。

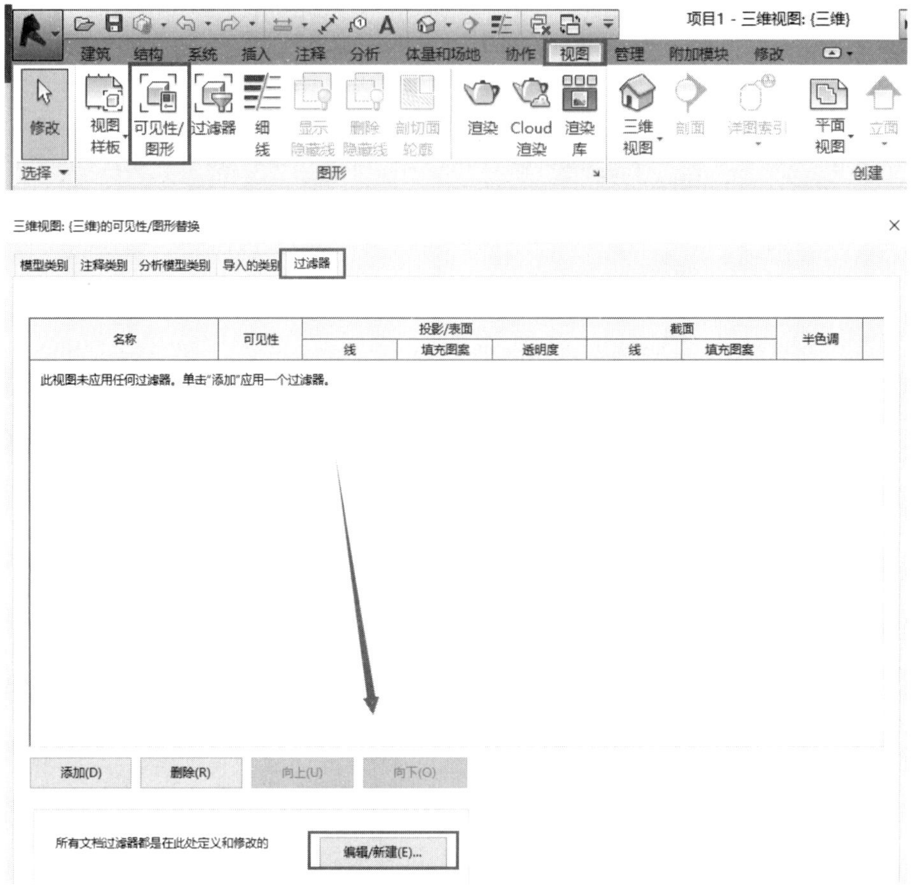

图 3-27　打开过滤器设置框

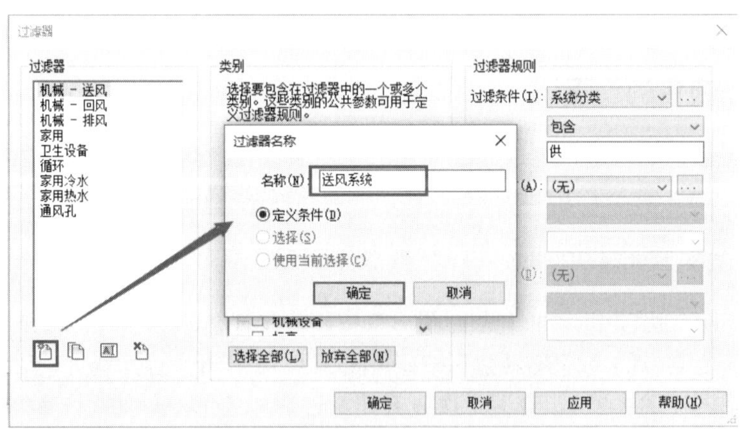

图 3-28　新建“送风系统”过滤器

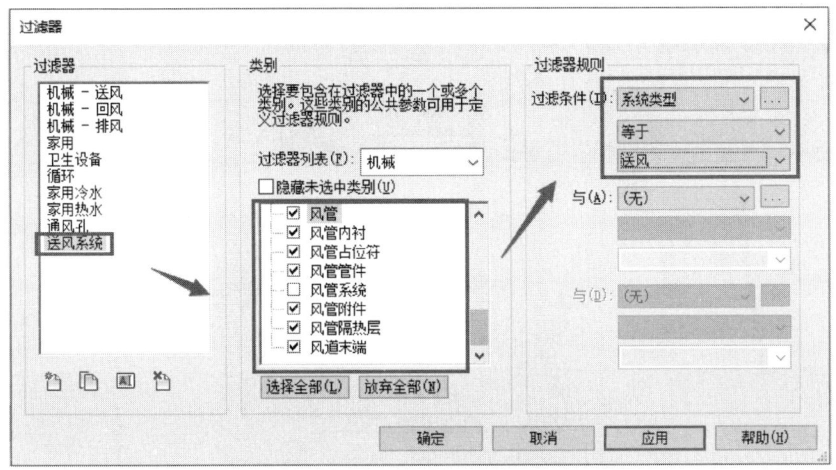

图 3-29　设置“送风系统”过滤器

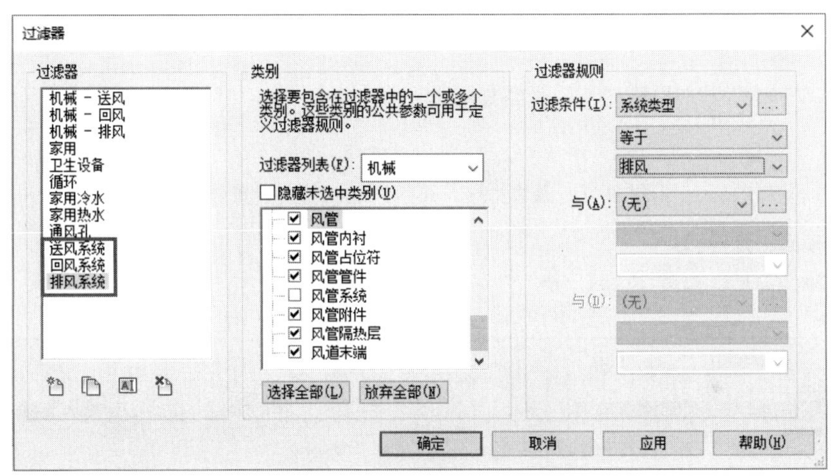

图 3-30　设置好的部分过滤器

2. 添加过滤器

单击“视图”选项卡—“可见性/图形”按钮，在打开的对话框中选择“过滤器”选项卡，然后单击下方的“添加”按钮，添加“送风系统”过滤器，并设置该过滤器的视图颜色与填充图案，如图 3-31 所示。

同理可设置其他系统的过滤器，如图 3-32 所示，单击“确定”按钮即可。分别绘制出相应系统的模型，如图 3-33 所示。

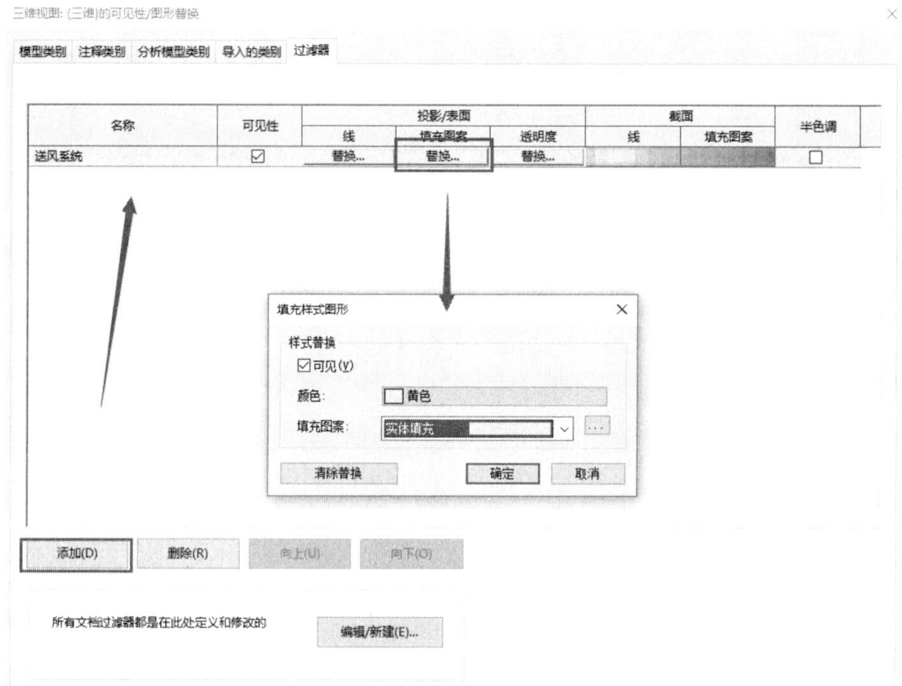

图 3-31　添加“送风系统”过滤器并设置颜色

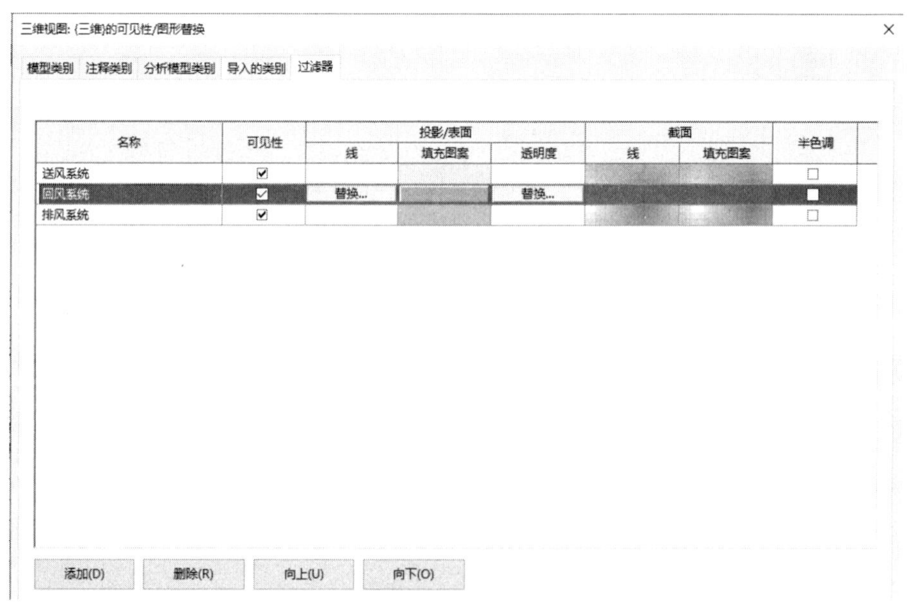

图 3-32　部分过滤器

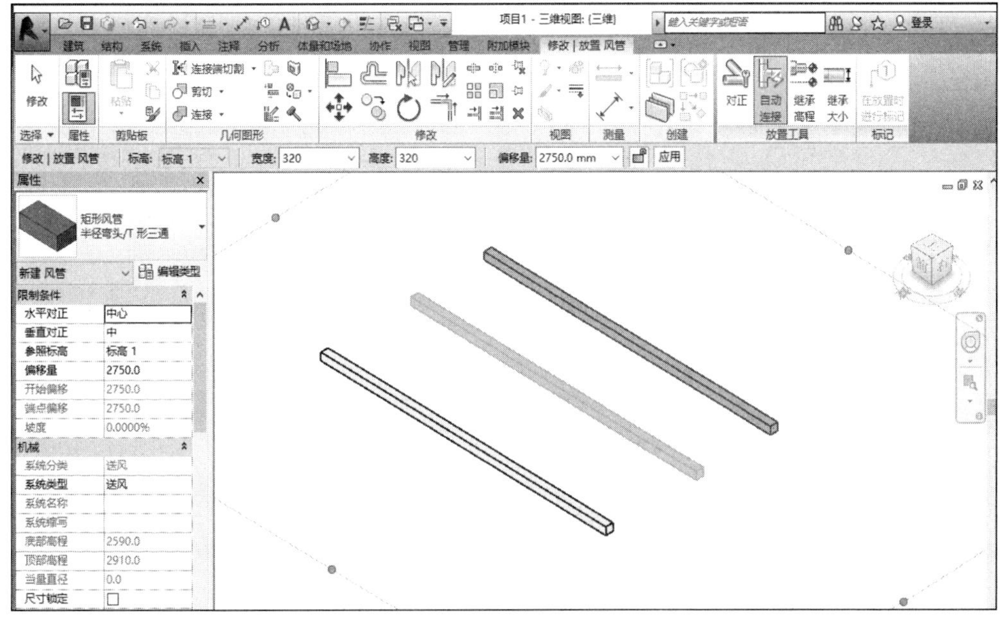

图 3-33　三维视图下过滤器效果

3.3.3　添加并连接主要设备

下面放置空调机组。单击“插入”选项卡—“载入族”按钮，打开“载入族”对话框，在软件自带的族库“机电/空气调节/VRF”目录下选择一个空调机组族文件（根据图纸要求），如图 3-34 所示。

图 3-34　载入空调机组

选择“系统”选项卡—“机械设备”选项，并选择相应的空调机组，将其放置在绘图区域的正确位置，如图 3-35 所示。

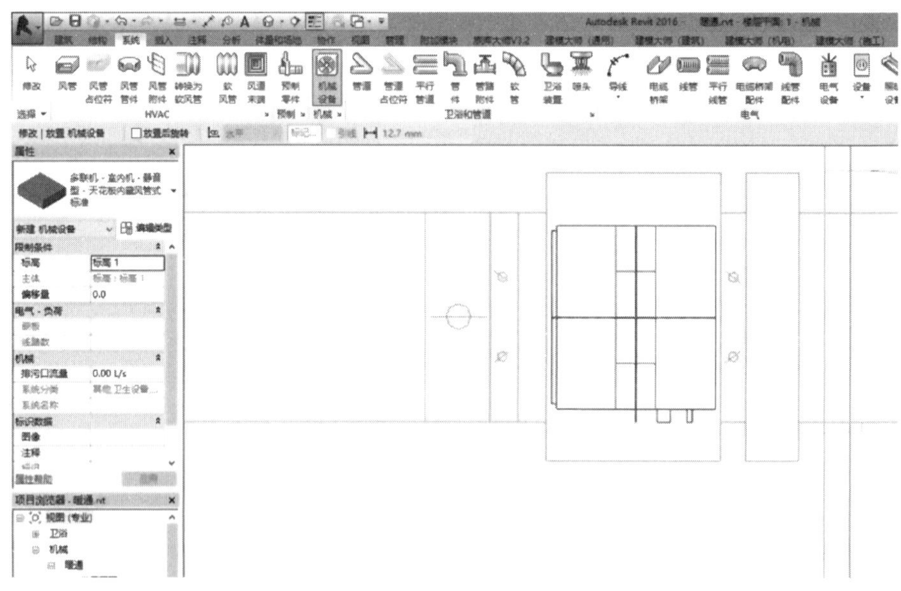

图 3-35 放置空调机组

3.3.4 风管对齐

按照导入的 CAD 图纸，将余下的风管绘制完毕，使用“对齐”按钮将其对齐，效果如图 3-36 所示。

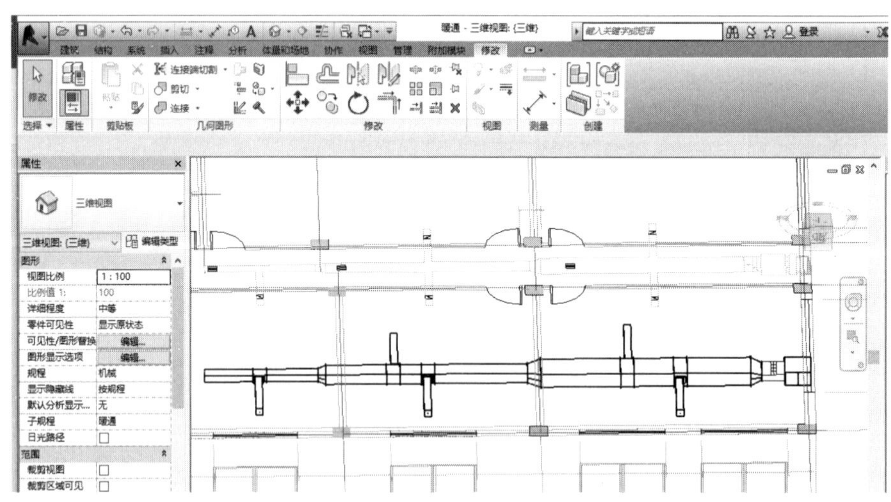

图 3-36 风管绘制效果

3.3.5　更改风管系统类型

选择一根风管，在“属性”面板中可以看出它所属的系统类型，单击下拉按钮可以更改相应的系统类型，如图 3-37 所示。

图 3-37　更改风管系统类型

本 章 小 结

本章主要讲述了风管绘制的功能及风管系统模型的建立。通过本章的学习，要求掌握风管的参数设置、风管的绘制、风管的显示、风管的标注、风管颜色的设置、更改风管系统类型等的方法。

第4章 给排水系统设计

4.1 管道的绘制

Revit MEP 中的管道功能主要用于给排水系统、消防系统的模型绘制。在模型绘制完成之后可对模型中管道的相关参数进行分析，并与其他系统进行综合，实现碰撞检查等功能。

4.1.1 管道参数的设置方法

在绘制管道之前，首先要对管道的相关参数进行新建或修改。选择“管理”选项卡—“MEP 设置”—“机械设置”选项，打开“机械设置”对话框，如图 4-1 所示。

图 4-1 “机械设置”对话框

选择“管道设置”—“管段和尺寸”选项，出现如图 4-2 所示界面。

图 4-2　管段和尺寸修改界面

图 4-2 中框选部分的下拉列表中为已有的管段类型，右上角为“新建”按钮和“删除”按钮。

图 4-3 中框选部分为上述管段的默认管道尺寸，用户可通过“新建”和“删除”按钮对该管段的尺寸进行自定义修改。其中“公称”列为该管段所包含尺寸的公称直径，用户在之后绘制该类型管段时，只能选择此面板中“公称”列下已有的尺寸。另外，ID 和 OD 分别为对应公称直径的内径与外径，用户可在查阅相关管道参数后进行自定义设置。

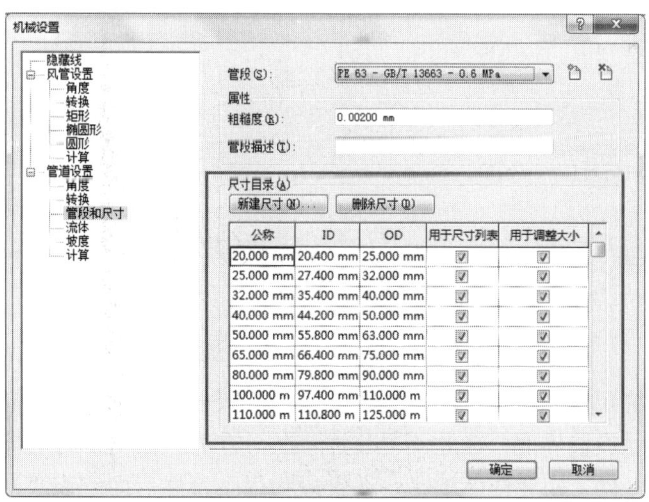

图 4-3　默认管段尺寸目录

4.1.2 管道的绘制方法

在管段的尺寸设置完成之后，还需进行管道参数的设置。管道的绘制是在平面视图中进行的，在项目浏览器中选择好需要绘制管道的楼层平面后，在“系统”选项卡中选择“管道”选项，即可显示管道绘制选项。

1. 管道类型参数设置

在进行管道绘制前，还需要对管道的类型参数进行定义，在“属性”面板中单击“编辑类型”按钮，打开“类型属性”对话框，如图 4-4 所示。

在图 4-4“类型”下拉列表中为已有的管道类型，用户可通过其后的“复制”按钮新建类型。新建完成之后，单击“布管系统配置”右侧的“编辑”按钮，打开“布管系统配置”对话框，如图 4-5 所示。

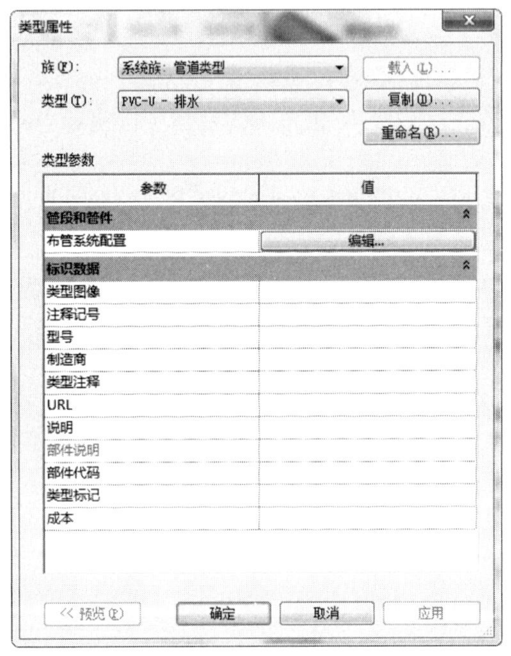

图 4-4 “类型属性”对话框

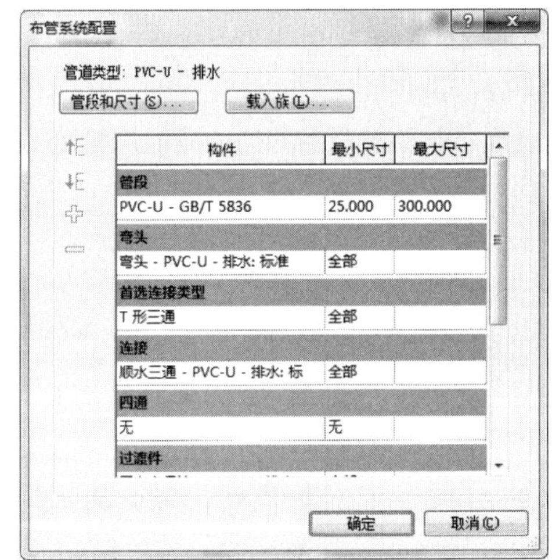

图 4-5 “布管系统配置”对话框

在“布管系统配置”对话框中，单击“管段和尺寸”按钮，可直接进入 4.1.1 节所介绍的管段和尺寸设置界面，在此不再赘述。在下方选择框内，用户可为当前管道类型配置相应管段和管件。需要注意的是，在管段和每个管件后面均有“最小尺寸”和“最大尺寸”的设置。于管道而言，此处可选择的尺寸是在 4.1.1 节中“管段和尺寸”里已定义的尺寸，这个范围控制的是在之后绘制管道时可选择的尺寸范围；于管件而言，此处一般选择为全部，若用户仍选择一定范围，则在之后绘制的管道超出此范围时，便不能生成相关管件。

值得一提的是，在某些情况下，管件下方的构件若显示为“无”（如图 4-5 中的四通构件），则在绘制时便不能自动生成该管件。此时需要单击上方“载入族”按钮，载入相关族构件，再进行设置。

2. 管道实例参数设置

管道类型参数定义完成后，需对管道实例参数进行定义。所谓实例参数，也就是其参数只控制即将绘制的管道，此部分参数主要有参照标高、偏移量、系统类型和管道直径。以上参数均可在管道功能下“属性”面板中设置。

在“系统”选项卡中选择“管道”选项，打开“属性”面板，如图 4-6 所示。

如图 4-6 所示，在“属性”面板里的实例参数分为限制条件、机械等几大类。

限制条件主要针对绘制的管道模型在空间中的定位，一般只需要修改参照标高和偏移量。偏移量是指相对于参照标高平面，绘制的管道的垂直对正线在 Z 轴方向上的偏移量。

机械类别中根据图纸要求对系统类型和直径进行修改即可。需要注意的是，此处的直径需在 4.1.2 节“1.管道类型参数设置”中“管段”的“最小尺寸”与“最大尺寸”之间，且必须是 4.1.1 节中该管段已定义好的公称直径尺寸。

图 4-6　“属性”面板（管道类型）

3. 管道绘制

在以上参数都设置完成之后，方可进行管道绘制。管道绘制的方法如下：在平面中绘制路径，用参数控制其在空间中的位置。因此在选择好楼层平面之后，即可在绘图区域以线段的方式绘制管道模型。绘制到立管时，在选项栏中直接更改管道偏移量至立管顶（底），单击“应用”按钮即可，如图 4-7 所示。

在管道绘制中，管件会根据类型参数里所定义的管件类型自动生成。

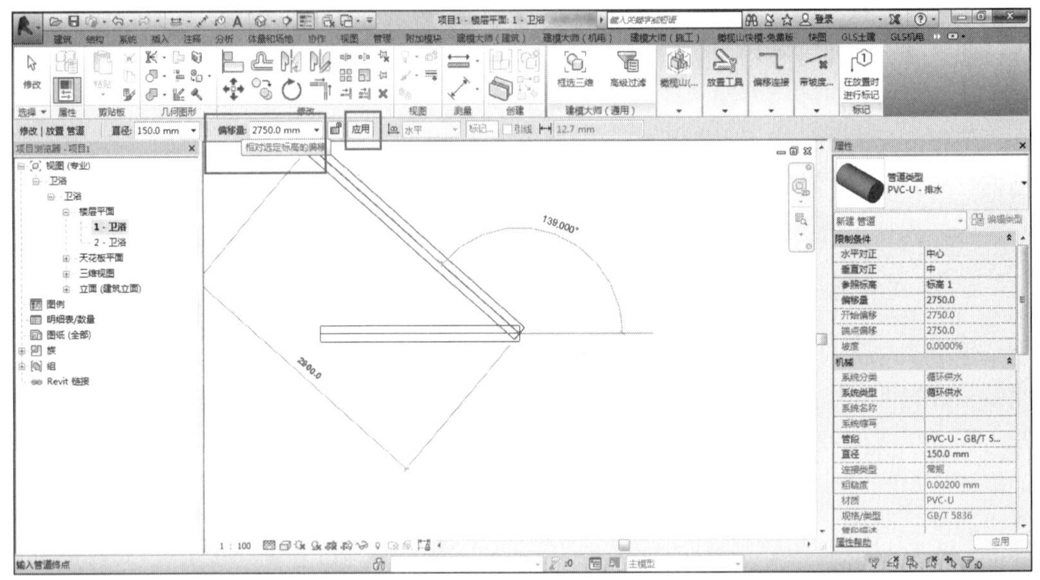

图 4-7　管道绘制方法

4.1.3　管道显示设置

1. 显示样式

在管道绘制完成之后，由于 Revit MEP 默认的显示设置，绘制的管道可能为一条粗线，不便于用户检查。此时便需要调整两个选项，首先是在快速访问工具栏中单击“细线”按钮，如图 4-8 所示。

图 4-8　“细线”按钮

按钮显示为深色即表示已打开细线模式，由于管道较窄，因此打开细线模式会使显示更加清楚。

其次需要调整当前视图页面的详细程度，即在视图控制栏中单击“详细程度”按钮，如图 4-9 所示。

在详细程度调整为精细模式下，页面会显示所绘制的管道模型的宽度，但会影响计算机的性能，项目较大时容易引起卡顿。在中等和粗略模式下，管道仅显示为一根线条，但较精细模式下运行更为流畅。用户可根据需要进行选择。

图 4-9　“详细程度”按钮

2. 可见性及视图范围设置

在绘制完管道后，系统有时会提示绘制的构件在当前视图不可见。导致这种情况出现的原因主要有两个，其一是当前视图没有开启管道的可见性，其二是绘制的管道没有在当前视图范围之内。

首先是可见性。用户在没有执行任何命令时，“属性”面板里显示的是当前视图的属性，如图 4-10 所示。

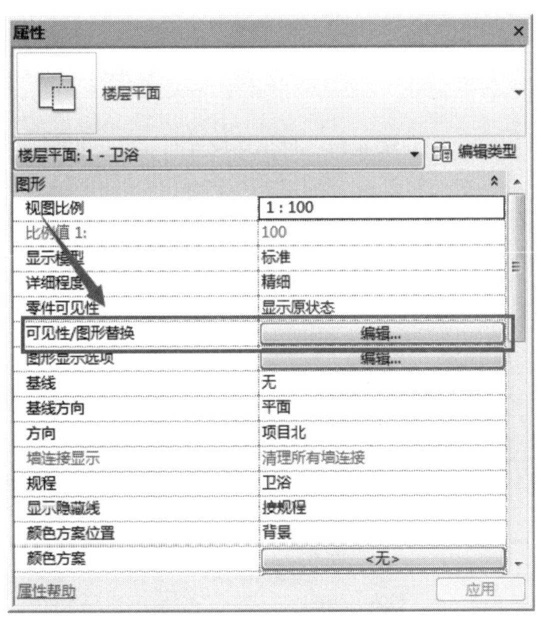

图 4-10　视图“属性”面板

在此面板中单击“可见性/图形替换”右侧的“编辑”按钮，或按快捷键 VV，即可进入可见性设置面板，如图 4-11 所示。

进入该面板后，首先确认过滤器列表中的管道已选中，然后在下方选择框内找到管道相关栏目，如图 4-12 所示。

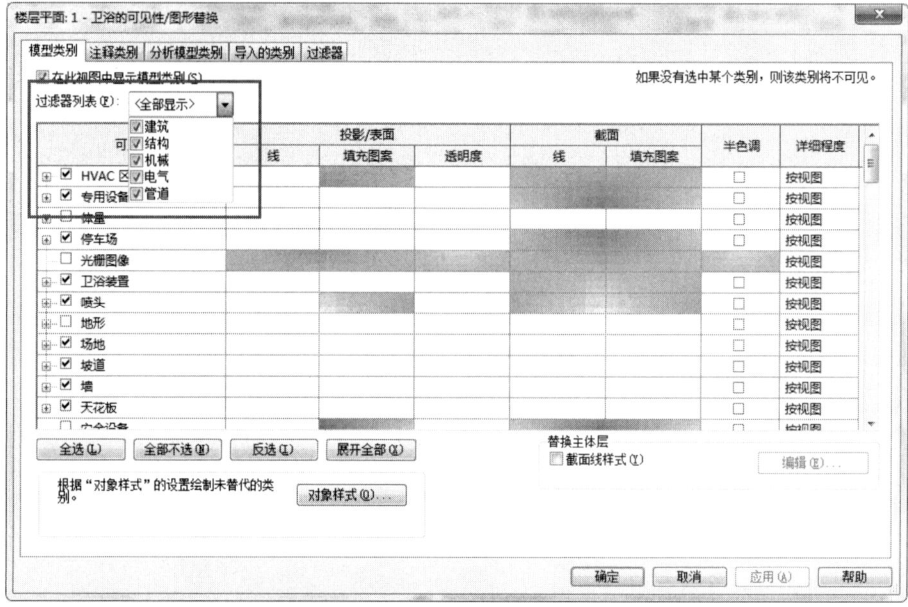

图 4-11　可见性设置面板

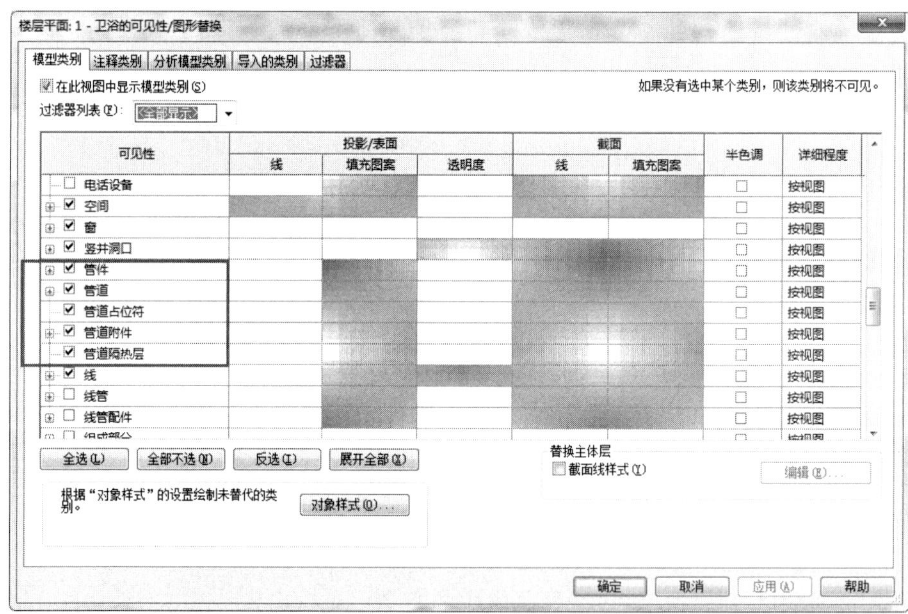

图 4-12　管道可见性设置

选中相关栏目，单击右下方“确定”按钮，完成设置。

若此时平面视图中仍不能显示已绘制的管道模型，则判定为第二种原因。接下来进行视图范围的调整。

视图范围的调整仍在视图“属性”面板中进行。在视图“属性”面板中找到“范围”类别下“视图范围”一栏，如图 4-13 所示。

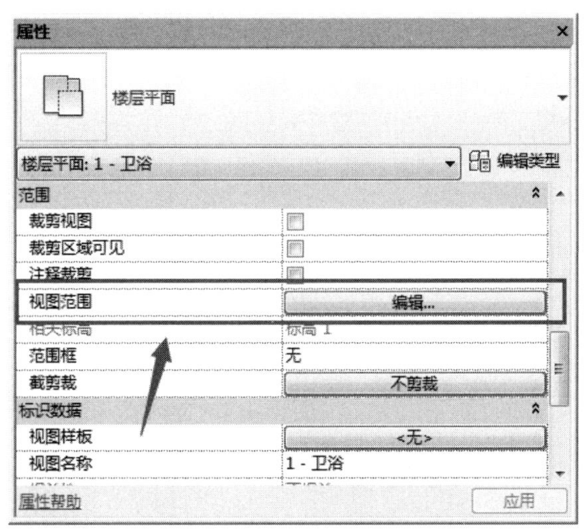

图 4-13　“视图范围”一栏

单击“视图范围”右侧的“编辑”按钮，打开“视图范围”对话框，如图 4-14 所示。

图 4-14　“视图范围”对话框

在这个对话框中，将“顶（T）”的偏移量修改至管道偏移量之上，将“底（B）”的偏移量修改至管道偏移量之下，即使这里的范围把绘制的管道包含在内，便可使之在当前视图中显示。但需注意的是，此处的相关标高应与管道的参照标高一致。

4.1.4 管道的标注方法

给排水系统中涉及的标注主要是管径标注和与立管连接的管道标高标注。管径的标注采用 Revit MEP 标记功能。使用标记功能需预先载入管道标记族，一般采用 Revit MEP 自带的“管道尺寸标记”族即可。载入之后，单击“注释”选项卡—“标记”面板—“全部标记”按钮，打开“标记所有未标记的对象”对话框，如图 4-15 所示。

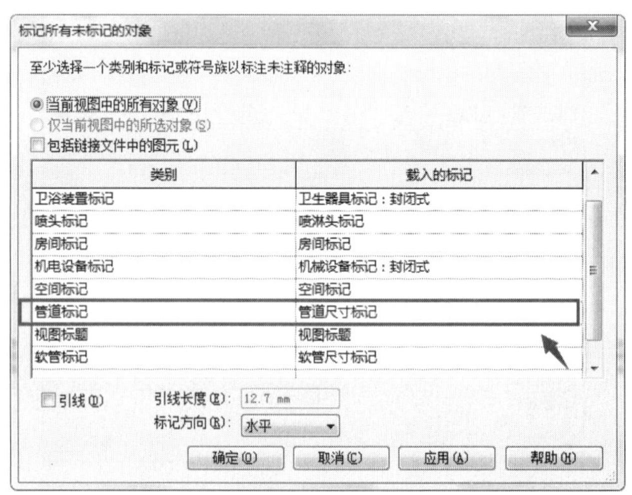

图 4-15 “标记所有未标记的对象”对话框

如事先载入“管道尺寸标记”族后，在图 4-15 所示界面“管道标记”一栏便会出现载入的族，选择这个族后，单击“确定”按钮，管道标记完成。

管道标高的标注可利用“注释”选项卡—“尺寸标注”面板—“高程点”按钮完成。单击“高程点”按钮，在“属性”面板中选择高程点类型，然后单击需要标注的管道即可。

4.2 案例及水系统模型的建立

本节将通过一个案例工程来介绍 Revit MEP 中给排水系统建模的具体操作。

4.2.1 导入 CAD 图纸

为方便拾取管道路径，通常在建模前需要将给排水平面布置图导入 Revit MEP 中。

首先打开 Revit MEP 软件，以“Plumbing-DefaultCHSCHS”为项目样板新建项目。根据立面图建立好楼层标高，并生成楼层平面。单击“插入”选项卡—“导入 CAD”按钮，打开“导入 CAD 格式”对话框，如图 4-16 所示。

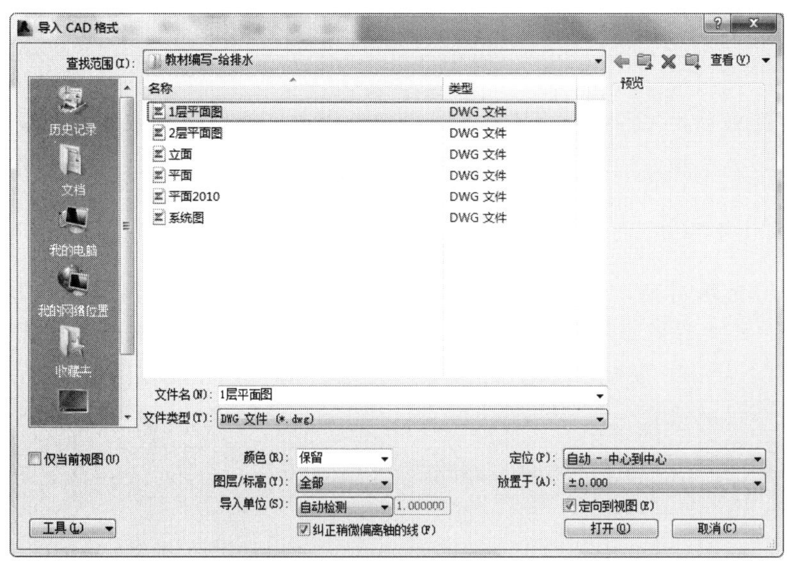

图 4-16　“导入 CAD 格式”对话框

在图纸文件夹中选择 1 层平面图图纸，更改“定位”为“自动-中心到中心”，更改“放置于”为“±0.000”，其余参数不变，单击“打开”按钮。这样就将图纸导入 Revit MEP 文件中了，结果如图 4-17 所示。值得一提的是，导入图纸时，也可单击“插入”选项卡—“链接 CAD”按钮。链接与导入的区别在于，链接的 CAD 文件如果在链接后被修改，用户可直接在 Revit MEP 中更新链接的 CAD 文件，即可在 Revit MEP 中进行同步更新，而导入的文件则需要重新导入。

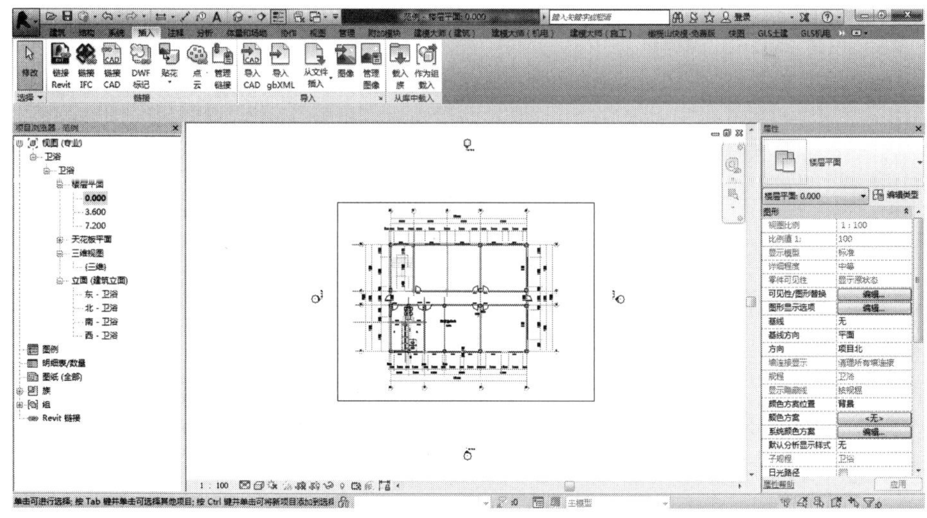

图 4-17　成功导入的 CAD 文件

4.2.2 水系统的绘制

在完成图纸导入（链接）之后，即可进行给排水系统的建模。本节将以给水系统为案例讲解管道的绘制方法，排水系统的绘制思路与给水系统一致，因此不再赘述。

1. 绘制水平横管

结合系统图纸可知，给水管道引入管为 DN50 的钢塑复合管，埋深-0.03m。由于 Revit MEP 中已内置钢塑复合管管段及尺寸，因此不必再新建。单击“系统”选项卡—“管道”按钮，单击“属性”面板中的“编辑类型”按钮，出现如图 4-18 所示界面。

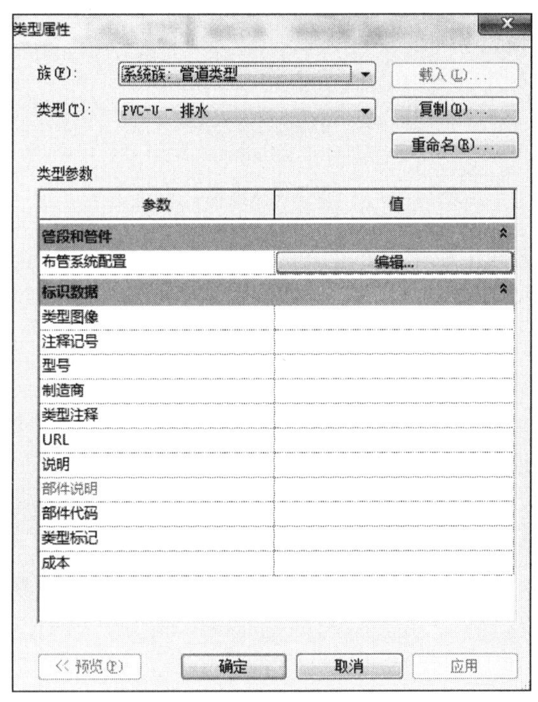

图 4-18 管道编辑类型界面

如图 4-18 所示，单击“复制”按钮，输入名称“钢塑复合管”，单击“布管系统配置”右侧的“编辑”按钮，打开如图 4-19 所示对话框。

如图 4-19 所示，选择管段类型为“钢塑复合 - CECS 125”，管件的构件中除“法兰”和“管帽”外全部修改为“常规：标准”，最小尺寸修改为“全部”；“法兰”和“管帽”构件修改为“无”，完成后单击“确定”按钮。

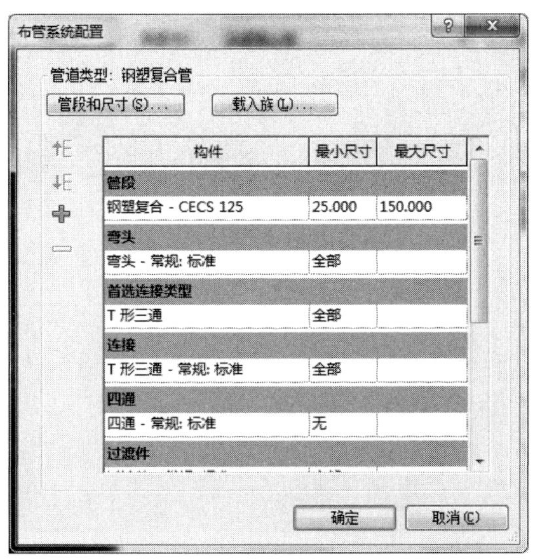

图 4-19　“布管系统配置”对话框

类型参数修改完成后，在绘制前还需修改实例参数。在管道的“属性”面板中，修改偏移量为“-300”，修改系统类型为“家用冷水”，修改直径为“50.0mm”，修改结果如图 4-20 所示。

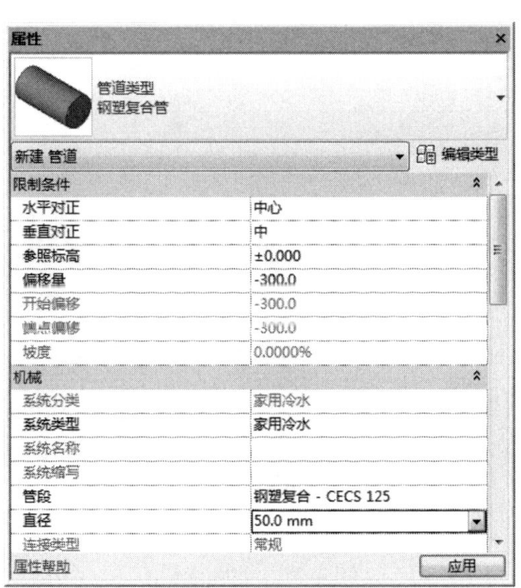

图 4-20　管道实例参数修改

参数修改完成后，在±0.000 平面视图中找到给水引入管的位置，如图 4-21 所示。

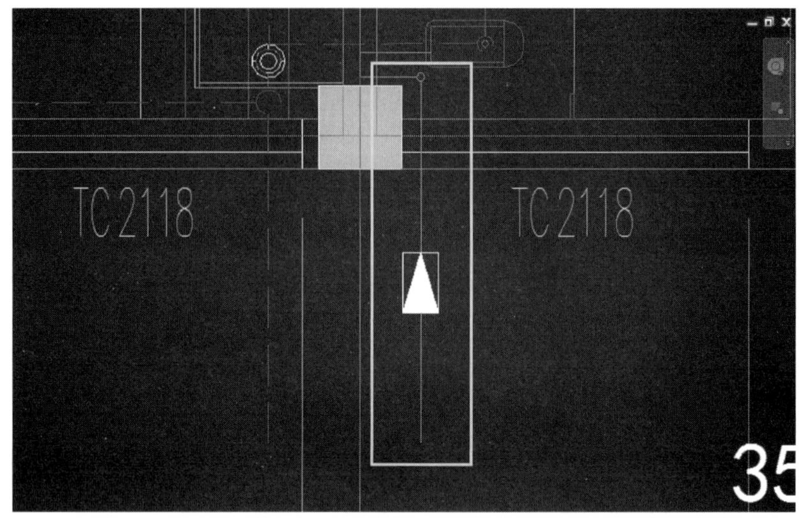

图 4-21　给水引入管位置

单击引入管起点，再单击引入管终点，按 Esc 键结束绘制，出现警告框，如图 4-22 所示。

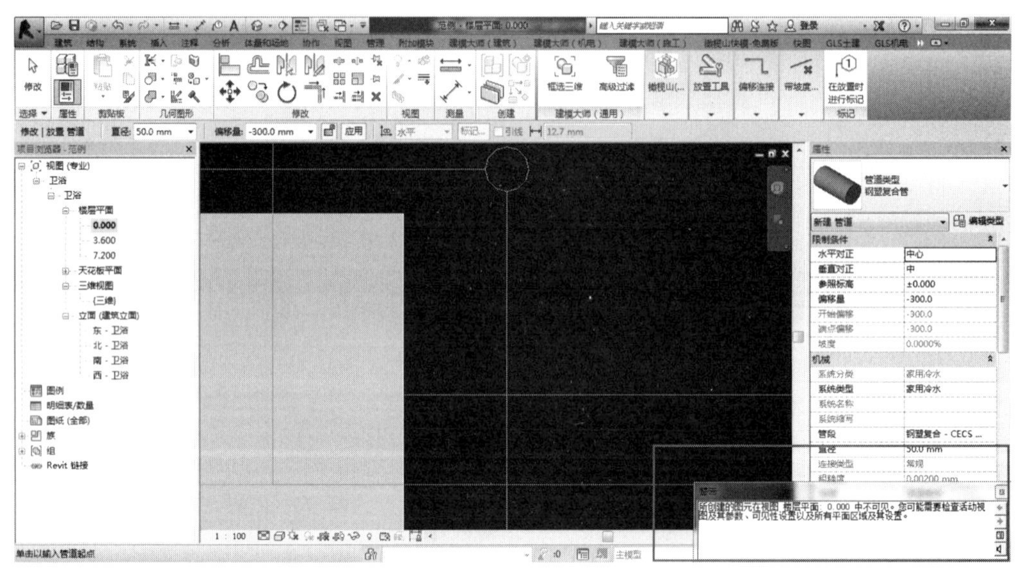

图 4-22　管道绘制

关闭警告框，再按一次 Esc 键退出管道绘制，此时“属性”面板中显示楼层平面的属性。“视图范围”一栏可能会出现视图范围不可用的状态，如图 4-23 所示。

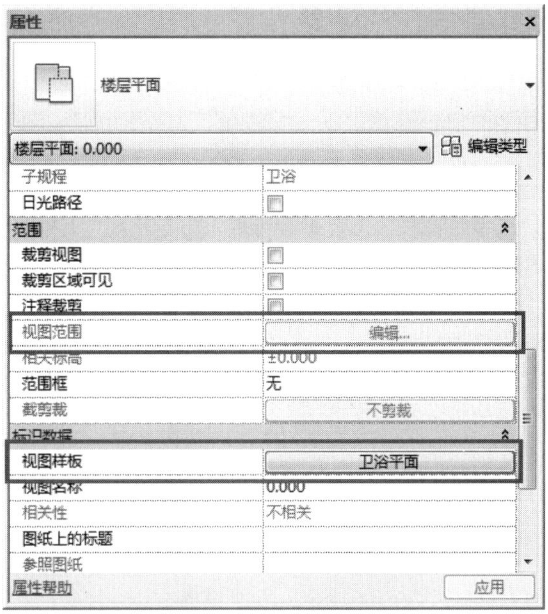

图 4-23　视图范围界面

出现以上情况是由于本视图已选择了视图样板，其视图范围已被“卫浴平面”这一视图样板所关联，因此不能修改。此时可将视图样板改为“无”，则视图范围可编辑；或直接修改视图样板的“视图范围”。在这里，采用第二种方法进行演示。

首先单击“视图样板”右侧的“卫浴平面”按钮，出现如图 4-24 所示界面。

图 4-24　卫浴平面视图样板

在此界面中，单击左下方“复制”按钮，输入名称“卫浴平面-标高 0.000”，单击“确定”按钮，出现如图 4-25 所示界面。

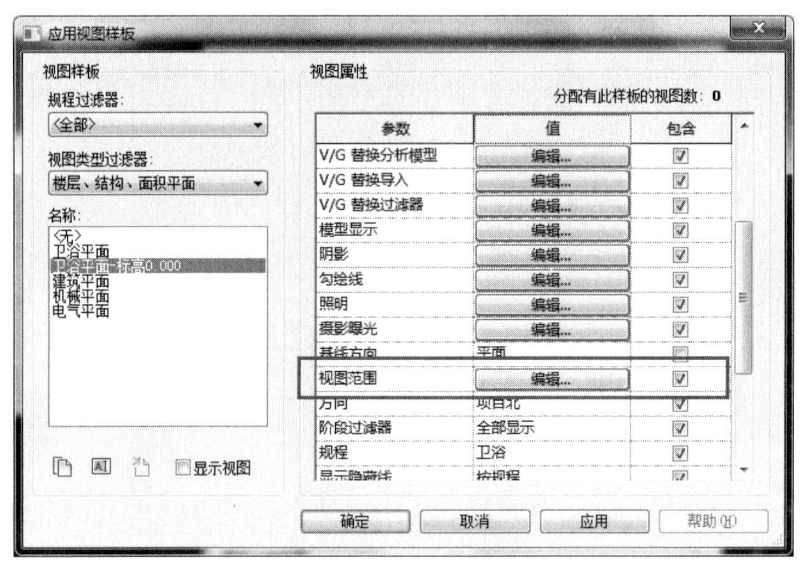

图 4-25　新建卫浴平面

先将详细程度更改为“精细”，再单击“视图范围”右侧的“编辑”按钮，打开“视图范围”对话框，将顶偏移量修改为“3600.0”，底偏移量修改为“-300.0”，如图 4-26 所示。

图 4-26　视图范围设定

单击“确定”按钮，视图属性修改完成，便可在视图中显示出已绘制的管道模型，如图 4-27 所示。

切换至三维视图，得到的效果如图 4-28 所示。

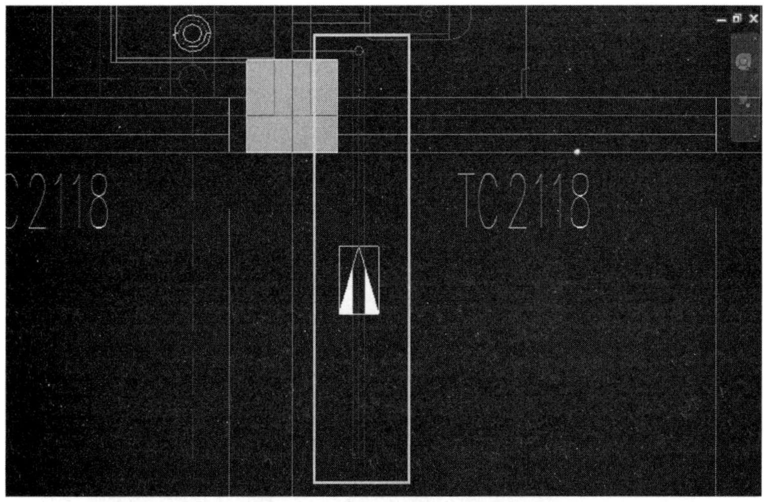

图 4-27　管道显示界面

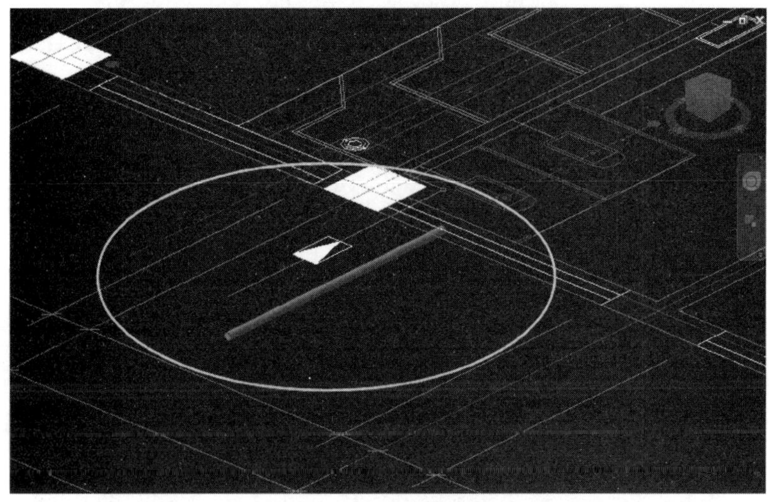

图 4-28　管道三维视图

2. 绘制垂直管

引入管绘制完成之后，便可继续绘制立管（垂直管）。

单击“系统”选项卡—“管道”按钮，进入管道绘制模式，继续使用上次创建的“钢塑复合管”管道类型。从系统图图纸中可知，立管由 DN50、DN32 两种直径组成，其中 DN50 管道起于标高-0.300，止于标高 1.500，DN32 管道起于标高 1.500，止于标高 5.100。在此，将先绘制底部立管，再绘制顶部立管。

由于底部立管参数与上一次绘制的引入管参数一致，因此此处不对管道参数进行修改。单击上一次绘制的引入管终点，出现如图 4-29 所示界面。

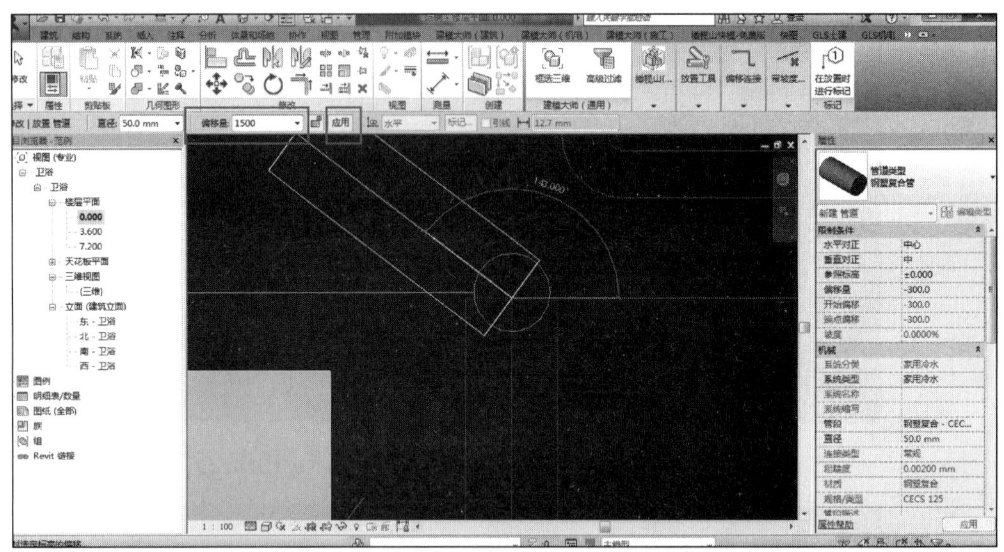

图 4-29　绘制立管

如图 4-29 所示，修改选项栏中的偏移量的值为 1500，并单击右侧“应用”按钮。

如图 4-30 所示，底部（DN50）立管已绘制完成。切换至三维视图，如图 4-31 所示，立管与引入管连接处已自动生成弯头。

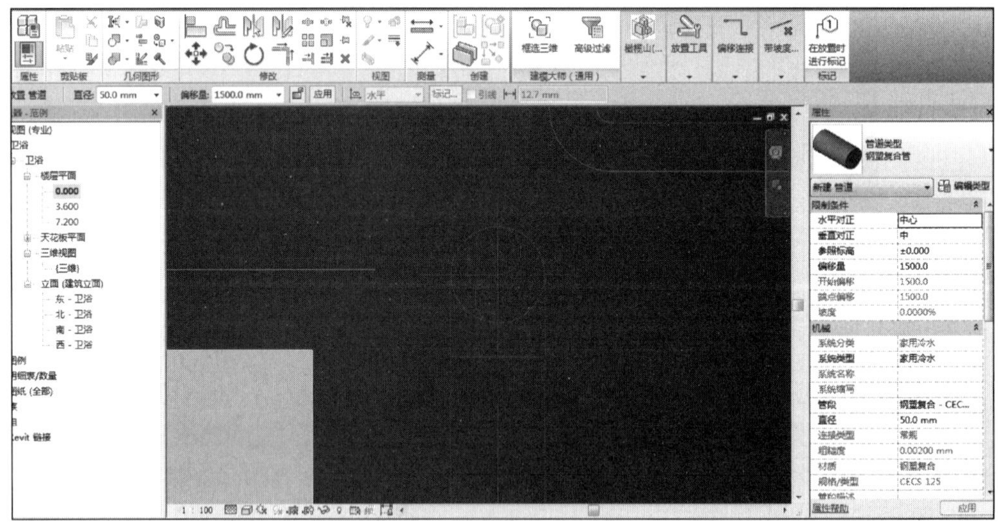

图 4-30　绘制好的立管

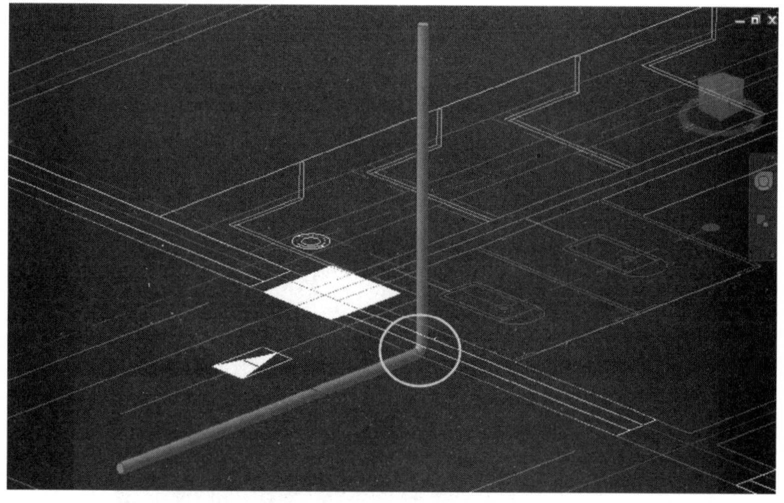

图 4-31　绘制立管并自动生成弯头

接下来进行顶部（DN32）立管绘制。打开 0.000 楼层平面视图，单击“管道”按钮，继续进行管道绘制。绘制之前，需修改“钢塑复合管”实例参数。修改直径为 32mm，其余不变，修改结果如图 4-32 所示。

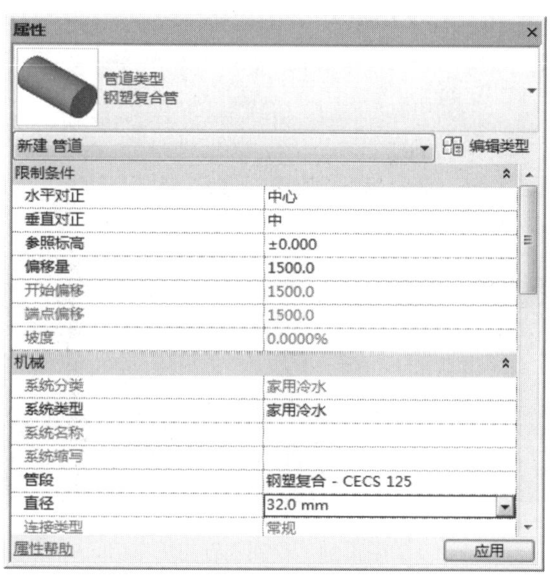

图 4-32　修改管道实例参数

修改完成后，单击上一次绘制的立管中心，出现如图 4-33 所示界面。

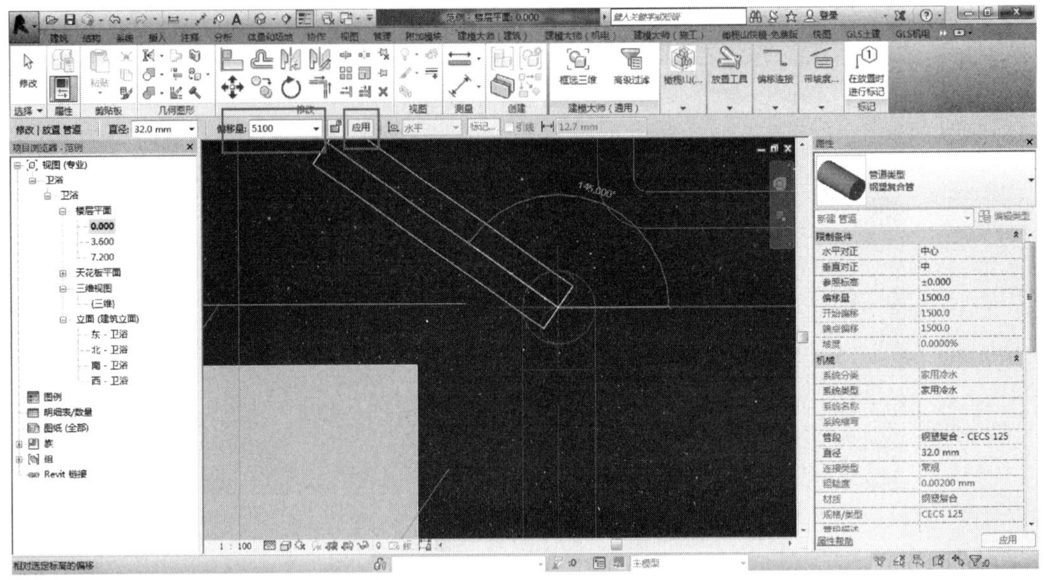

图 4-33　继续绘制立管

如图 4-33 所示，此时将选项栏中的偏移量修改为 5100，并单击“应用”按钮，完成此次绘制，绘制结果如图 4-34 所示。

图 4-34　绘制立管完成

切换至三维视图，可以发现上、下立管连接处已自动生成变径管进行连接，结果如图 4-35 所示。

至此，垂直（立）管绘制完成。

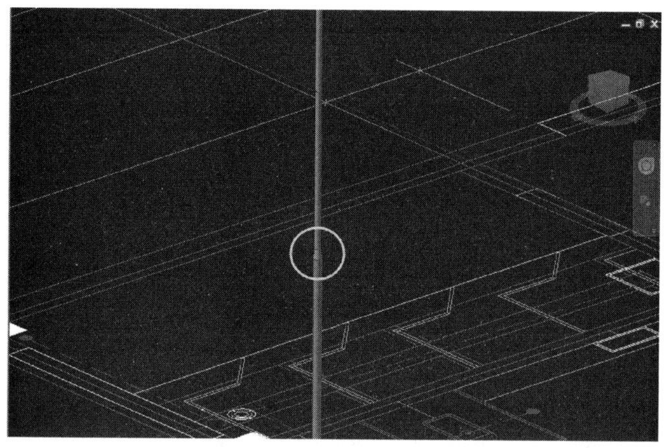

图 4-35　立管连接三维显示

3. 绘制支管及连接节点处理

立管绘制完成后，即可进行支管绘制。本章选用的案例图纸共两层，且两层的管道一致，所以将采用绘制一层，再复制到二层的方法来绘制支管。

打开 0.000 楼层平面视图，进入管道绘制模式。根据图纸得知，支管采用 PE 63-1.0 MPa 管道，因此在此处需新建一个 PE63-1.0 MPa 管道。单击“属性”面板中的“编辑类型”按钮，打开“类型属性”对话框，如图 4-36 所示。

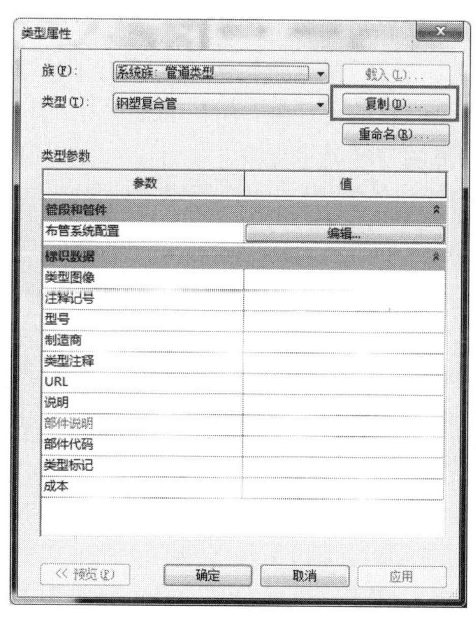

图 4-36　“类型属性”对话框

此时单击“复制”按钮，输入名称“PE63-1.0 MPa”，单击“布管系统配置”右侧的“编辑”按钮，出现如图 4-37 所示界面。

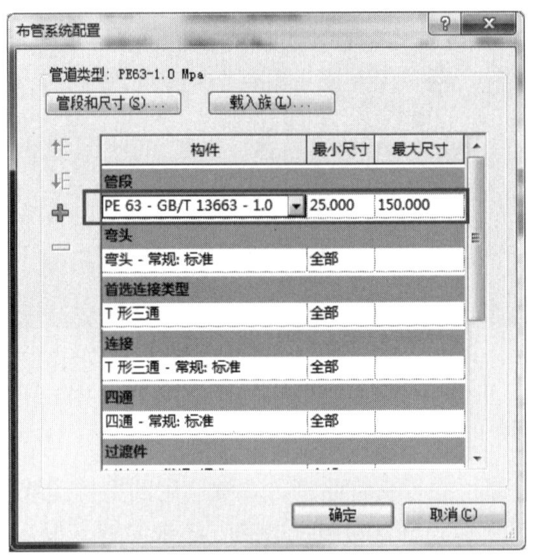

图 4-37　新建管道界面

如图 4-37 所示，将管段的构件修改为“PE 63 - GB/T 13663 - 1.0 MPa”，其余保持不变。单击“确定”按钮，完成类型参数的修改。

接下来修改实例参数。由管道系统图得知，支管由 DN32、DN25 两种管道组成，且支管与立管的连接处正是立管的变径处，而在 Revit MEP 中是无法在同一处生成多个管件的，此问题在支管管道的变径处也出现。

针对此问题，采用的解决思路为：先满足支管的高度，再在三通尾部连接变径管。由于在此之前立管变径处已生成变径管，因此需要将此变径管暂时移动至别处。为方便绘制，笔者此处将其移动至二层。切换到“南立面”视图，找到并选中变径管，如图 4-38 所示。

修改上方偏移量为 4000，单击绘图区域任意处，完成修改。切换至 0.000 楼层平面视图，此时视图便仅显示 DN50 立管。单击“管道”按钮，修改偏移量为 1500mm，直径为 32mm，修改结果如图 4-39 所示。

接下来拾取到支管与立管的交点处，如图 4-40 所示。

然后从该点沿图纸的给水管路径，绘制至 DN32 管道结束处，按 Esc 键完成绘制，此时可发现支管与立管处已自动生成三通及变径管，效果如图 4-41 及图 4-42 所示。

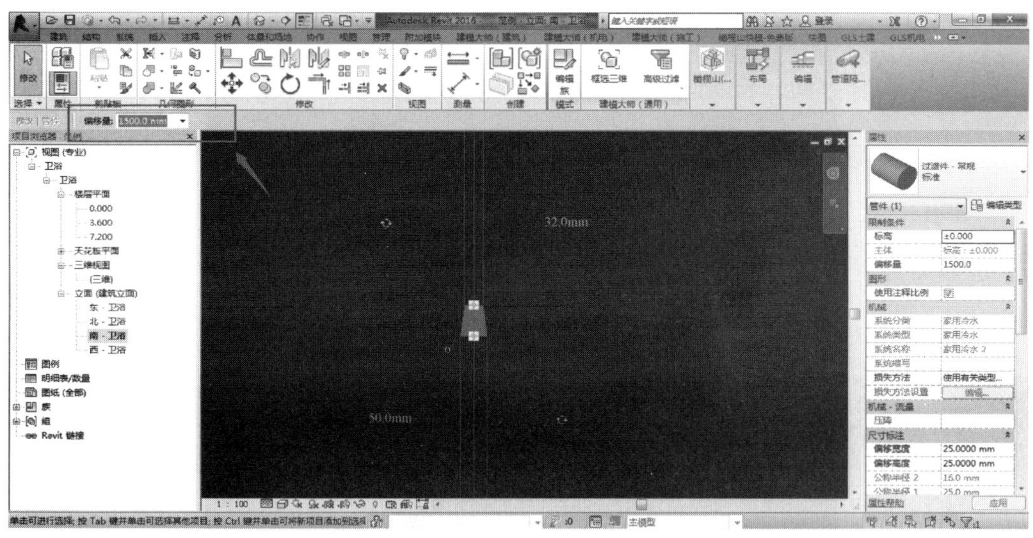

图 4-38　修改变径管位置

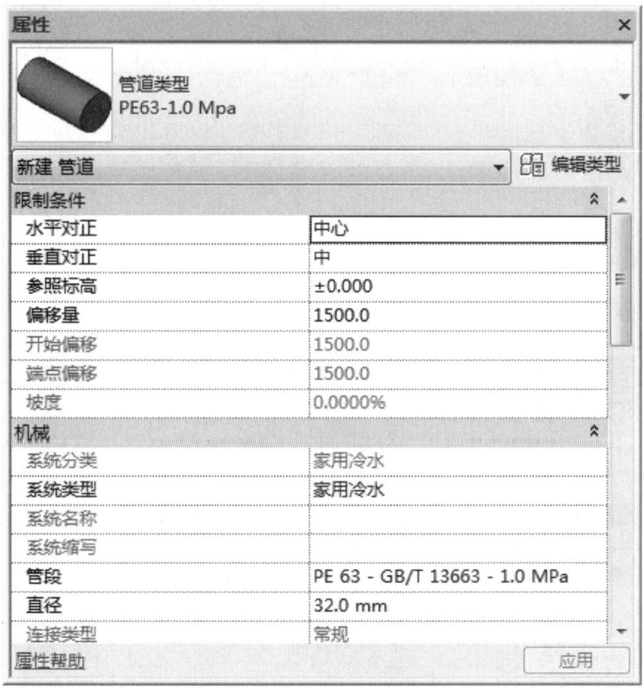

图 4-39　修改管道属性

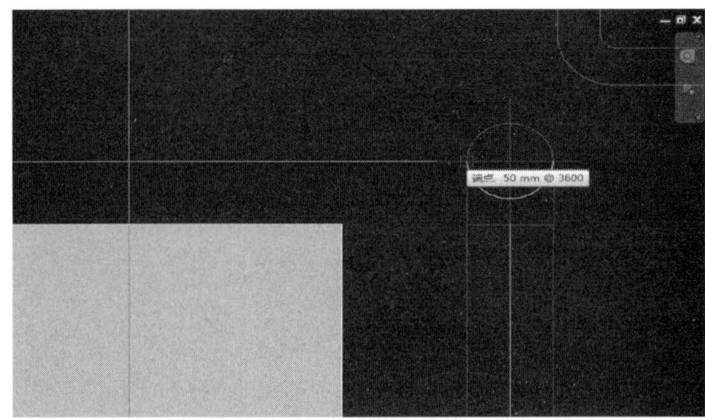

图 4-40　拾取交点

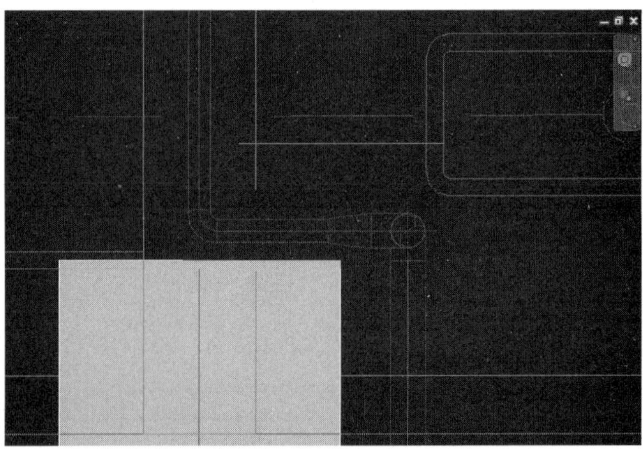

图 4-41　立管与支管连接显示

图 4-42　立管与支管连接三维显示

此时再将立管上的变径管移动至三通尾部。切换至“南立面”视图，找到并选中该变径管，如图 4-43 所示。

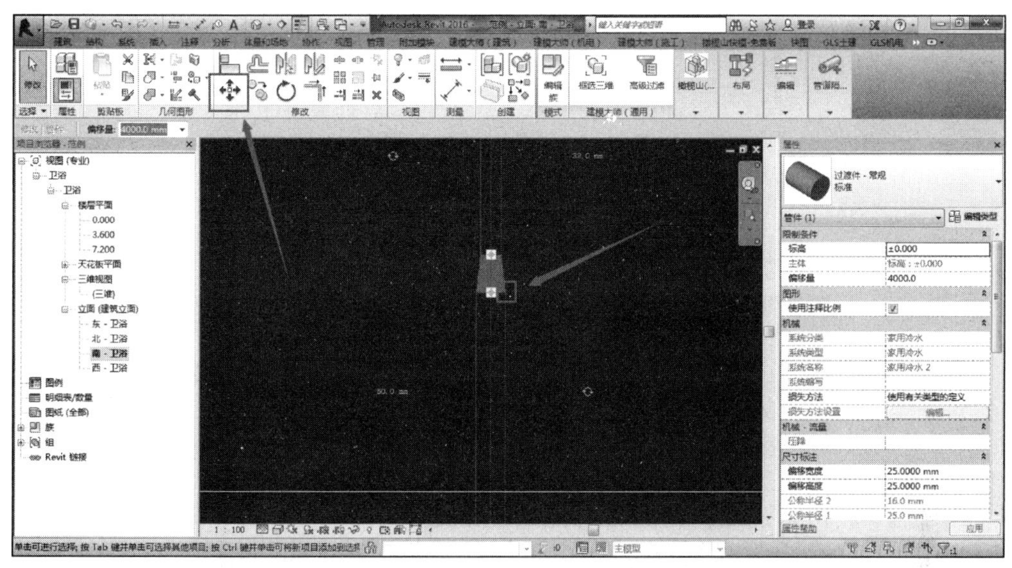

图 4-43　选择变径管

单击上方“移动”按钮，选择变径管与下部立管的交点作为基点进行移动，再捕捉到三通与立管的交点，如图 4-44 所示。

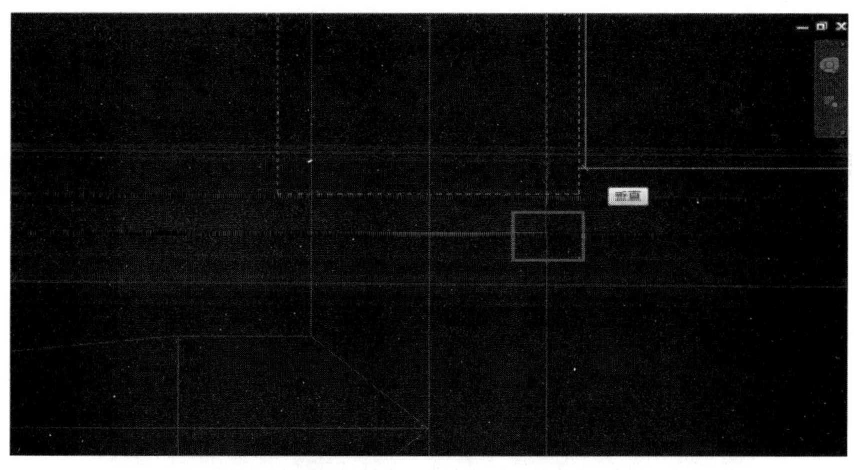

图 4-44　移动变径管至三通位置

此时右下角出现错误提示框，如图 4-45 所示，单击“删除图元”按钮，完成绘制。

图 4-45　错误提示框

完成结果如图 4-46 及图 4-47 所示。

图 4-46　移动后的变径管平面显示

图 4-47　移动后的变径管三维显示

至此，支管与立管节点处理就完成了。接下来进行支管变径处的节点处理。

如图 4-48 所示，与上一节点类似，支管变径处也同时存在三通和变径管两个管件。

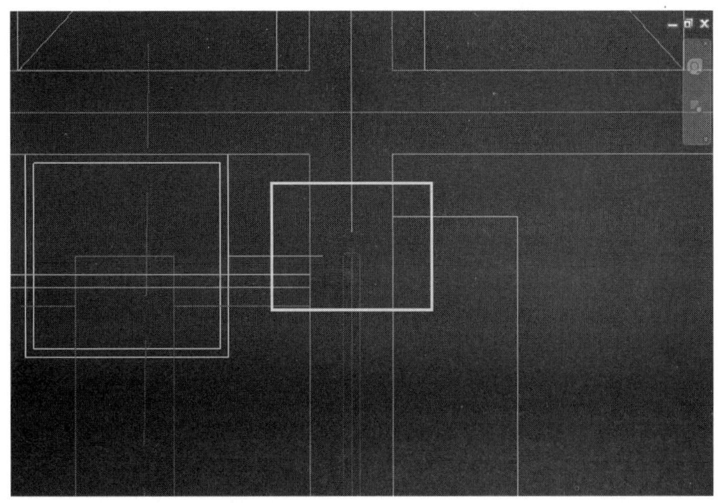

图 4-48　需生成管件的部位

采用与上一节点相似的处理方法，先保证三通的位置，再将变径管移动至三通尾部。首先将 DN32 管道向前移动一段距离，留出距离以生成三通管件，如图 4-49 所示。

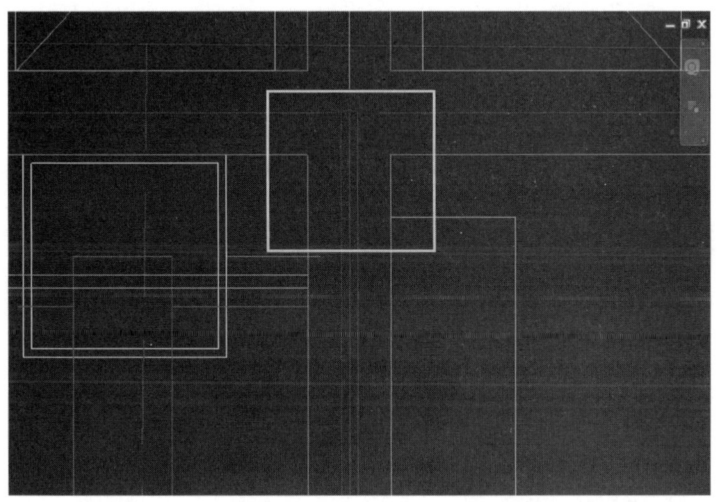

图 4-49　延长管道长度

接下来单击“管道”按钮，进入管道绘制模式，确认实例参数与上次一致，绘制出水箱支管，并与已绘制的支管连接，结果如图 4-50 所示。

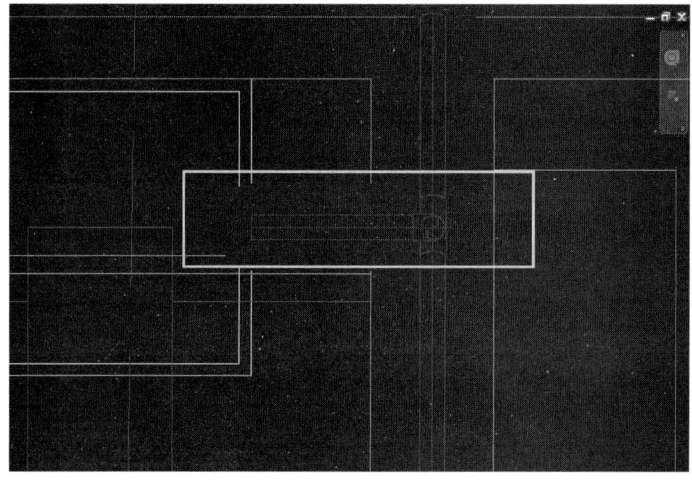

图 4-50　绘制支管

此时发现连接处已自动生成三通管件，接下来将上方支管的直径由 32mm 修改为 25mm，则可完成节点处理。首先选中需要修改的管件，如图 4-51 所示。

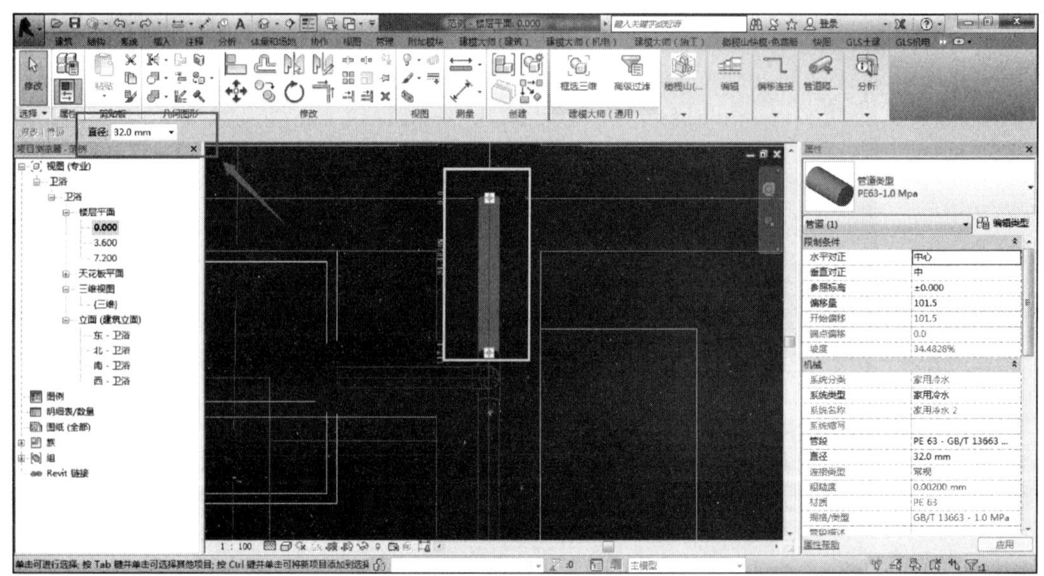

图 4-51　修改支管管径

接着将直径由 32mm 修改为 25mm，单击绘图区域任意处，完成修改。修改结果如图 4-52 及图 4-53 所示。

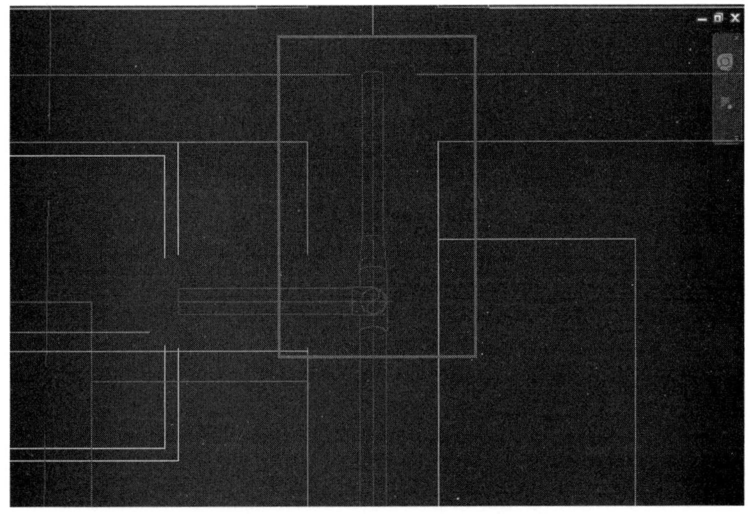

图 4-52　支管连接平面显示

图 4-53　支管连接三维显示

接下来将 DN25 支管延长至终点，就完成了支管的绘制。绘制结果如图 4-54 及图 4-55 所示。

至此，给水系统的支管部分就绘制完成了。不难发现，在这里未绘制支管与卫生器具连接部分的管道，因为这部分管道可以在布置好卫生器具之后，将卫生器具与支管进行连接从而自动生成。因此这部分的管道绘制放在了 4.2.5 节讲述。

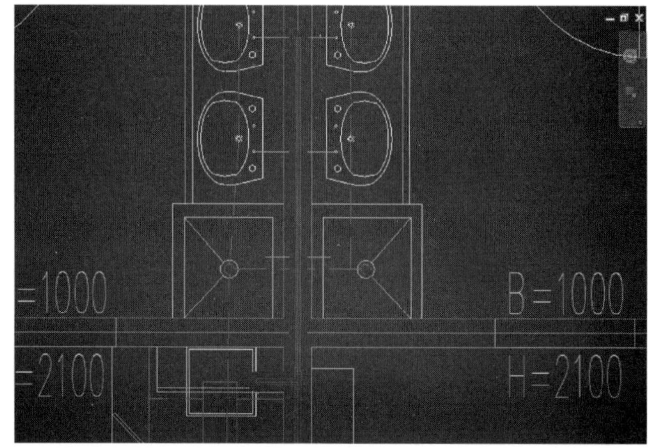

图 4-54　绘制完成的支管平面图

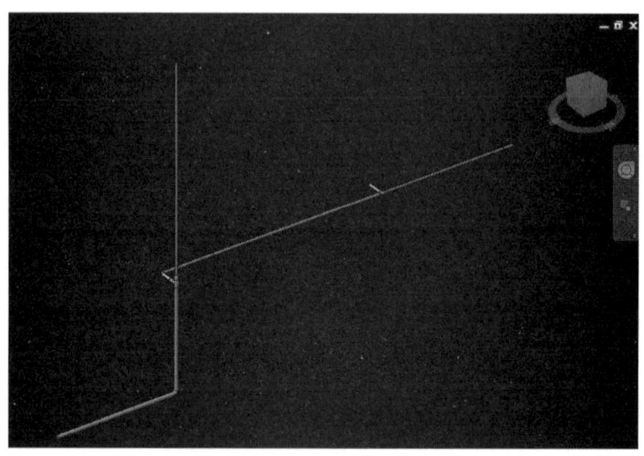

图 4-55　绘制完成的支管三维图

4.2.3　添加水系统阀门

管道绘制完成之后，接下来进行的是添加管道附件。本节以添加阀门为例，为读者介绍添加管道附件的方法。

在 Revit MEP 中，所有管道附件都是以族的形式存在的，因此在添加管道附件之前，需载入相关的族文件。由于在创建项目时选择的是“Plumbing-DefaultCHSCHS”项目样板，即管道的项目样板，且此项目样板中已经预先载入了一些管道相关的族，其中就包括了截止阀和闸阀的族文件，所以此处不再进行载入。若用户需要其他族文件，可单击“插入”选项卡—“载入族”按钮，载入相关族文件。

首先切换到“南立面”视图，单击“系统”选项卡—“管路附件”按钮，进入放置管道附件模式。单击“属性”面板中的“编辑类型”按钮，出现如图 4-56 所示界面。

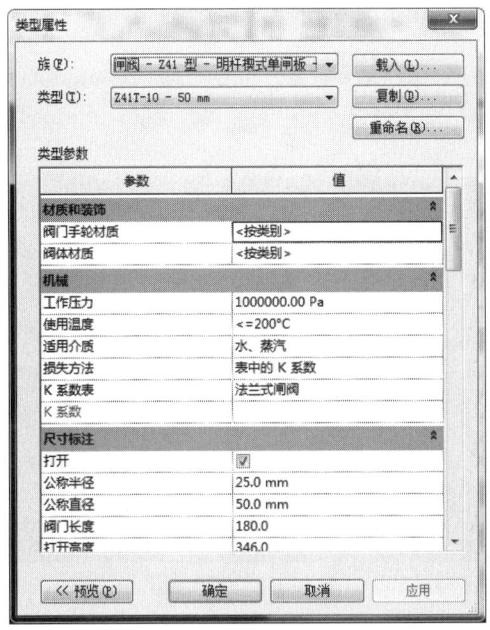

图 4-56　阀门类型属性设置

如图 4-56 所示，选择族为“闸阀”，选择类型为“Z41T-10-50mm”，下方类型参数在此处不作修改，读者在使用时可自行考虑是否修改。值得一提的是，通常修改的参数为公称直径，将其修改至与需要放置阀门的管道一致。

单击“确定”按钮完成修改，将鼠标指针放置于需要添加阀门的立管中心线上，出现的界面如图 4-57 所示。

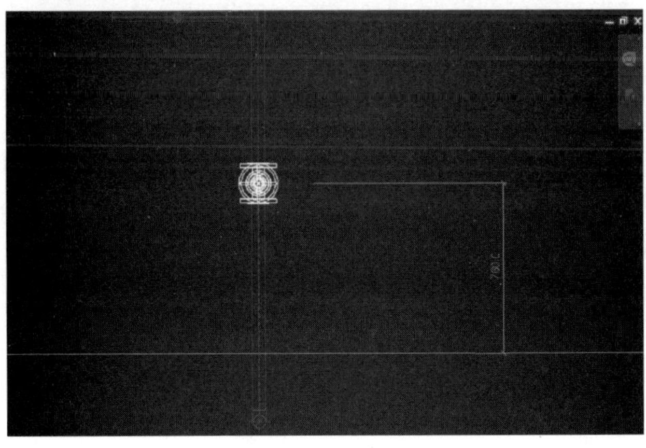

图 4-57　放置阀门

根据系统图图纸得知，阀门的中心高度为 1.2m。先将阀门放置到立管上的任意位置，按两次 Esc 键退出该模式。接下来单击刚才绘制的阀门，出现如图 4-58 所示界面。

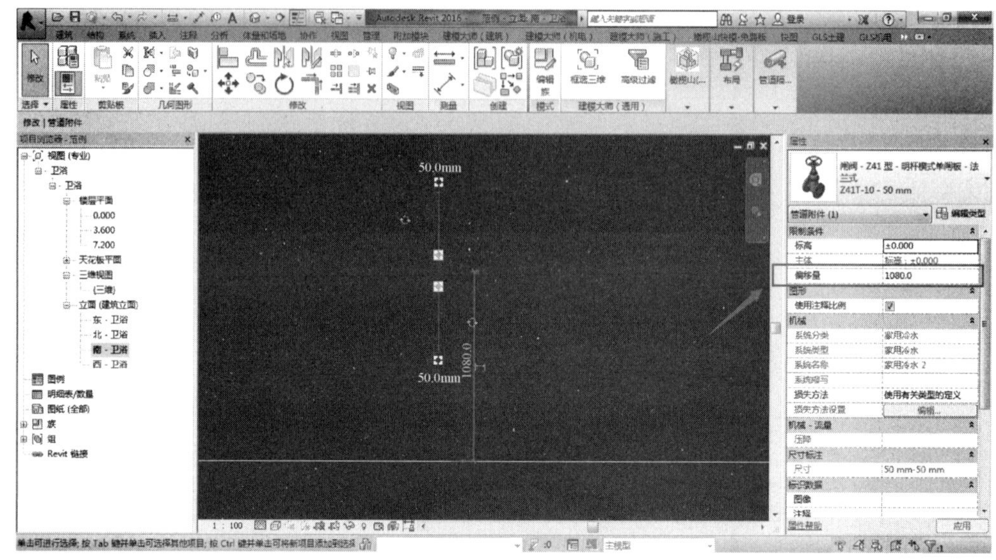

图 4-58　确定阀门位置

将“属性”面板中偏移量修改为 1200mm（需注意标高应为±0.000），然后将鼠标指针移动至绘图区域，完成修改。切换至三维视图，得到效果如图 4-59 所示。

图 4-59　设置好的阀门

至此，阀门已添加完成。不管是什么类型的阀门，其参数修改和添加方式都是大同小异的，读者可根据本节案例自行探索。

4.2.4　添加其他管路附件

本节将继续为给水系统添加管道附件。从系统图中可得知，本系统中除了阀门以外，还有水表。水表的族在项目样板中是没有预先载入的，因此需要自行载入水表的族文件。载入族的操作在此不再赘述。

载入水表族文件后，切换至±0.000 楼层平面视图。单击“系统”选项卡—“管路附件”按钮，进入管道附件放置模式。接下来单击“属性”面板中的“编辑类型”按钮，出现如图 4-60 所示界面。

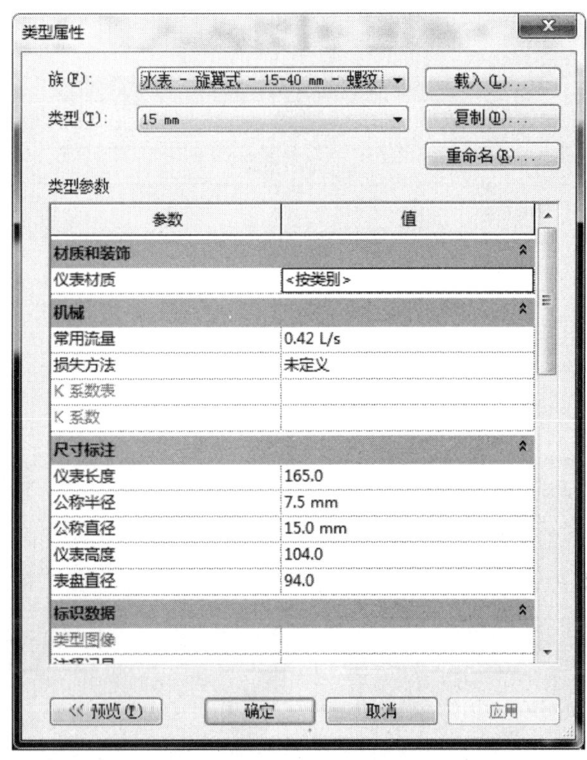

图 4-60　水表类型属性设置

确认族选择为“水表”，由于图纸中水表的管道尺寸为 DN50，而载入的族没有 50mm 的水表，因此需要新建一个直径为 50mm 的水表。单击“复制”按钮，输入名称“50mm”，修改类型参数中公称直径的值为“50mm”，修改结果如图 4-61 所示。

修改完成后单击“确定”按钮，完成修改。将鼠标指针移动至引入管位置，水表将自动捕捉到引入管，如图 4-62 所示。

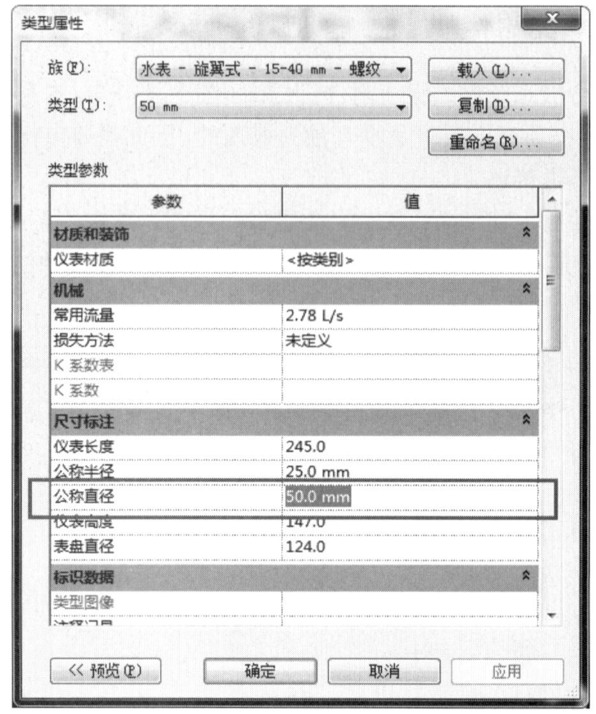

图 4-61　设置水表参数

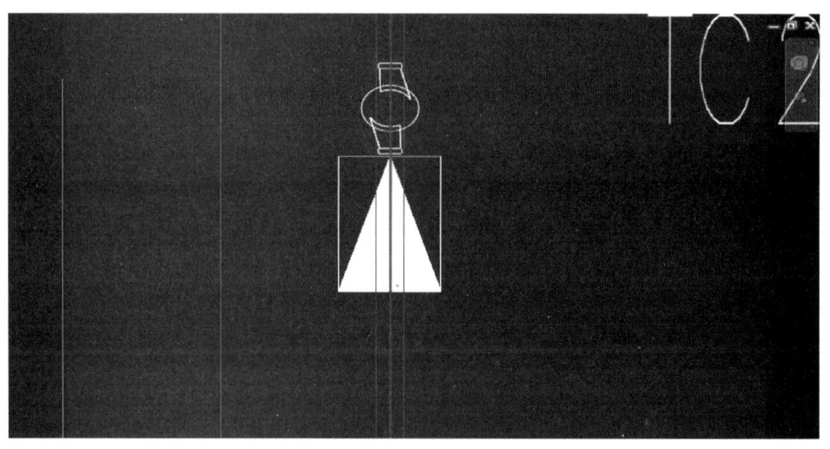

图 4-62　水表位置确定

鼠标指针移动至合适位置后单击，完成放置。放置结果如图 4-63 所示。

至此，管道附件就添加完成了。值得一提的是，管道附件可直接在三维视图中拾取管道进行添加，添加完成后再在平面或立面图上进行位置修改即可。

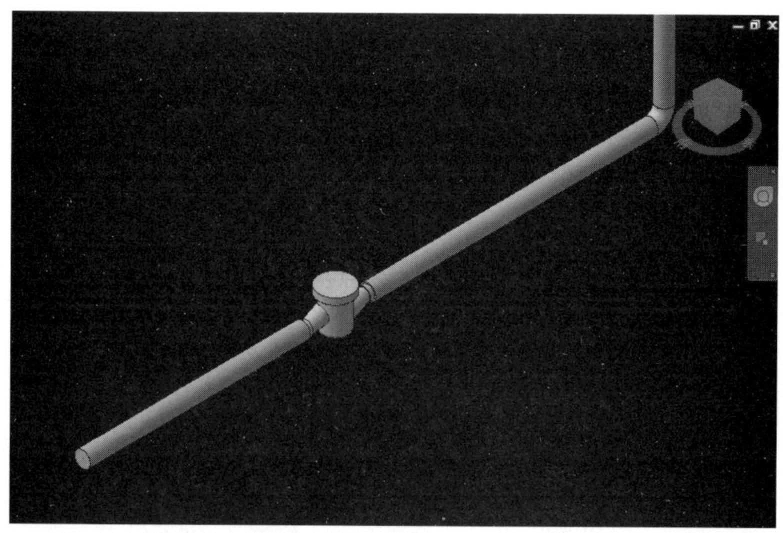

图 4-63　完成水表放置

4.2.5　添加并连接设备

在绘制完管道附件之后，本节将进行卫生器具等设备的放置，并将其连接到管道。

在 Revit MEP 里，卫生器具等设备依然是以族的形式存在的，因此在放置之前，需要载入相关的族文件。图纸中给水系统包含的设备主要有蹲便器、冲水水箱、拖布池和洗脸盆。为避免重复，本节仅进行蹲便器和洗脸盆的放置与连接，其他设备的操作与其类似。

卫生器具的族在建立时一般采用“基于面的常规模型”或“基于墙的常规模型”，因此这些族只能放置于参照平面或是建筑模型中的墙面上。如读者在建模时已拥有图纸对应的建筑模型，可将其链接到当前项目中，然后放置设备。本节将不链接建筑模型，而采用绘制参照平面的方式来放置设备。

首先进行参照平面的绘制。切换至±0.000 楼层平面视图，单击“系统”选项卡—“参照平面”按钮，进入参照平面绘制模式，沿蹲便器左侧墙面绘制，绘制结果如图 4-64 所示。

绘制完成后按两次 Esc 键退出绘制模式。

接下来单击“系统”选项卡—“卫浴装置”按钮，进入设备放置模式。单击“属性”面板中的“编辑类型”按钮，打开“类型属性”对话框，选择族为“蹲便器”，类型为“标准”。从系统图纸中可得知，蹲便器的给水管道为 DN32，排水管道为 DN100，因此需要新建一个符合要求的蹲便器类型。单击“复制”按钮，输入名称“DN32—DN100”，单击“确定”按钮完成复制。接下来在类型参数里修改污水直径为“100.0mm”，冷水直径为“32.0mm”，结果如图 4-65 所示。

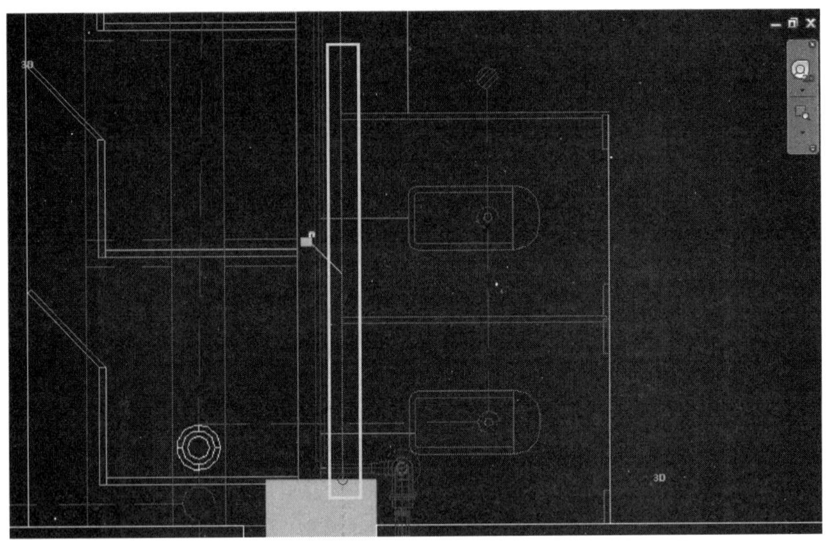

图 4-64　绘制参照平面

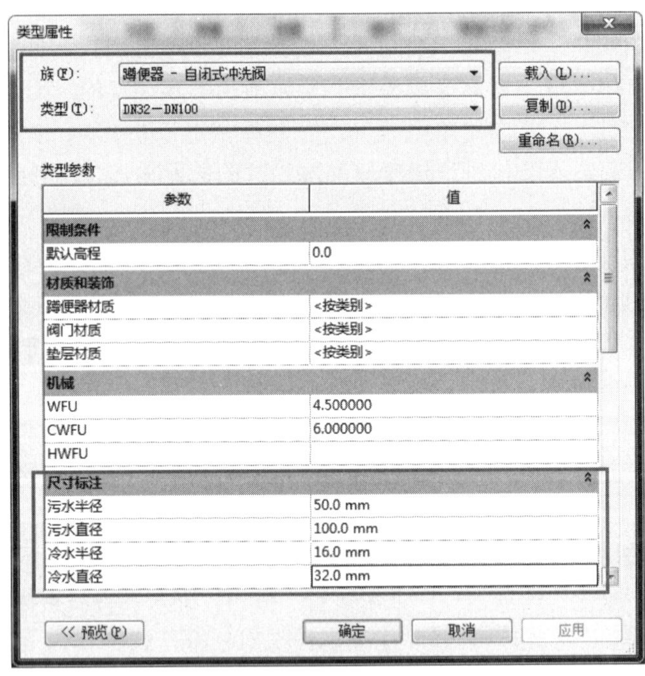

图 4-65　设置蹲便器类型属性

单击“确定”按钮完成修改，接下来进行放置操作。将鼠标指针移动至参照平面的位置，此时 Revit MEP 将自动拾取到参照平面，并显示出放置的设备预览图，如图 4-66 所示。

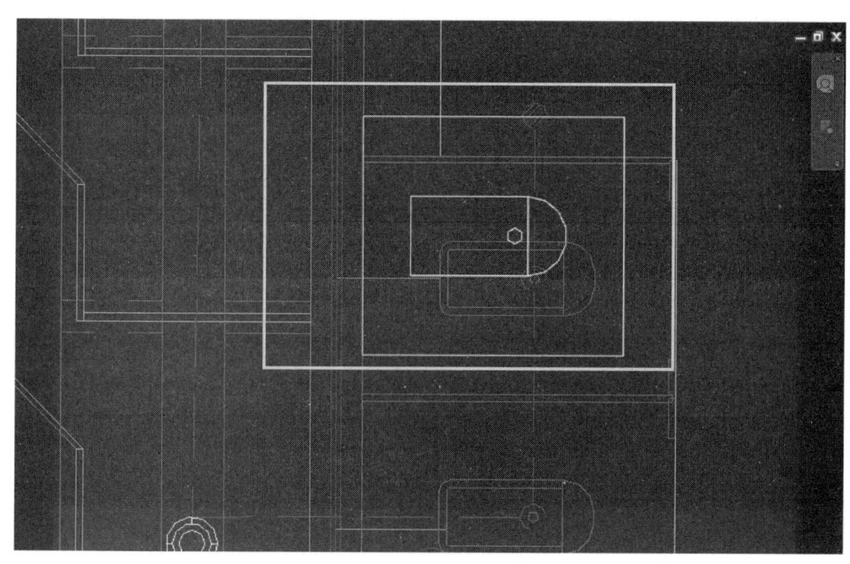

图 4-66　蹲便器放置操作

放置时如方向不正确，可按 Space 键转换方向。移动到参照平面任意位置单击，完成放置。接下来使用“对齐”按钮将放置的族定位到图纸中，结果如图 4-67 所示。

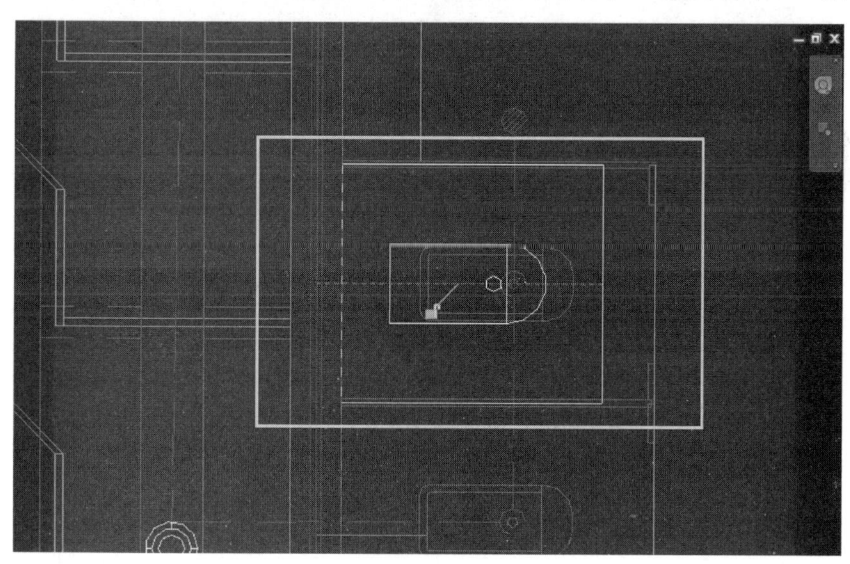

图 4-67　蹲便器对齐

切换到三维视图，如图 4-68 所示，此时发现放置的蹲便器方向不正确。

图 4-68　蹲便器三维显示

选中放置的蹲便器，按 Space 键，直至其翻转至正确的方向，结果如图 4-69 所示。

图 4-69　蹲便器方向调整

接下来进行设备与管道的连接。选中蹲便器，单击功能区中“连接到”按钮，如图 4-70 所示。

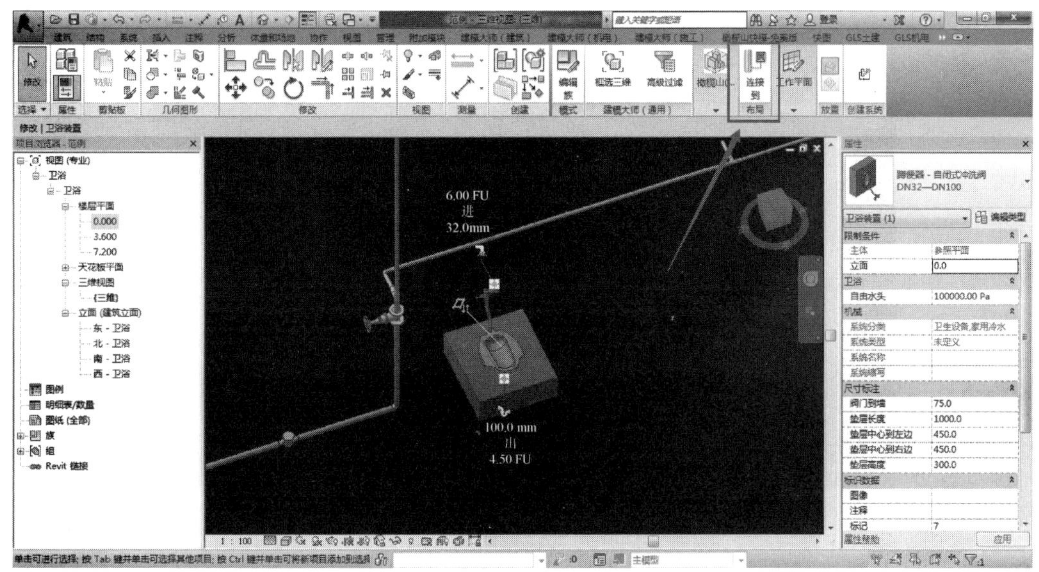

图 4-70　蹲便器与管道相连

此时打开“选择连接件”对话框，此处为蹲便器连接给水管道，因此选择带“进”字的连接件，即选择进水口，如图 4-71 所示。

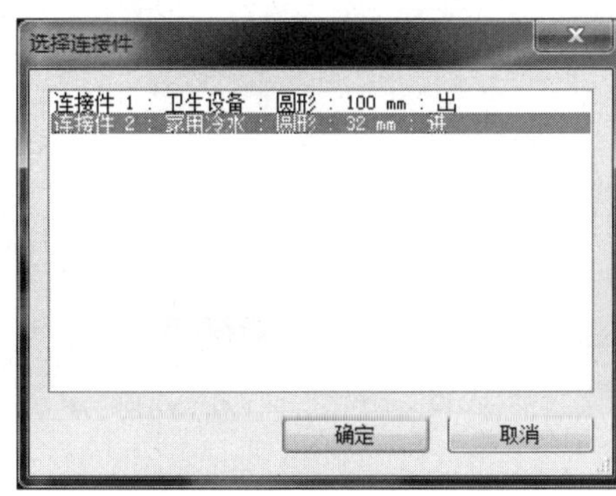

图 4-71　“选择连接件”对话框

选择完成后单击“确定”按钮完成选择。接下来将指定连接的管道，参照图纸选择 DN32 支管，如图 4-72 所示。

单击该管道，Revit MEP 将自动选择布管方案进行管道与设备的连接，结果如图 4-73 所示。

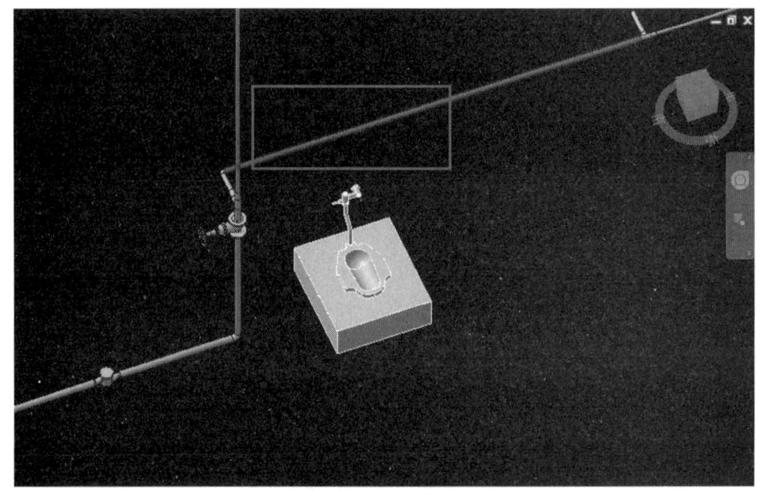

图 4-72　指定连接管道

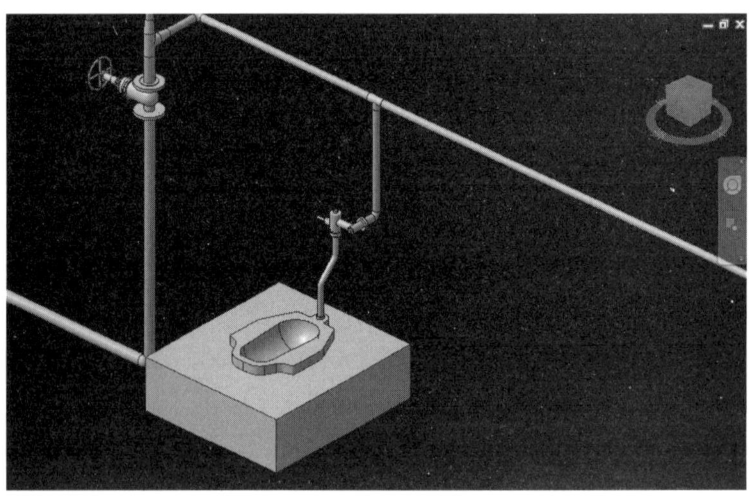

图 4-73　设备与管道自动连接

接下来放置洗脸盆。切换至±0.000 楼层平面视图，首先是沿洗脸盆左侧墙面绘制参照平面，绘制完成后单击“卫浴装置”按钮，在“属性”面板中单击“编辑类型”按钮，打开“类型属性”对话框，选择族为“洗脸盆”，单击“复制”按钮，输入名称“900mm×700mm DN25—DN75”，单击“确定”按钮完成洗脸盆的新建。接下来修改污水直径为 75mm，洗脸盆宽度为 700mm，洗脸盆长度为 900mm，冷水直径为 25mm，其余参数可保持不变。修改结果如图 4-74 所示。

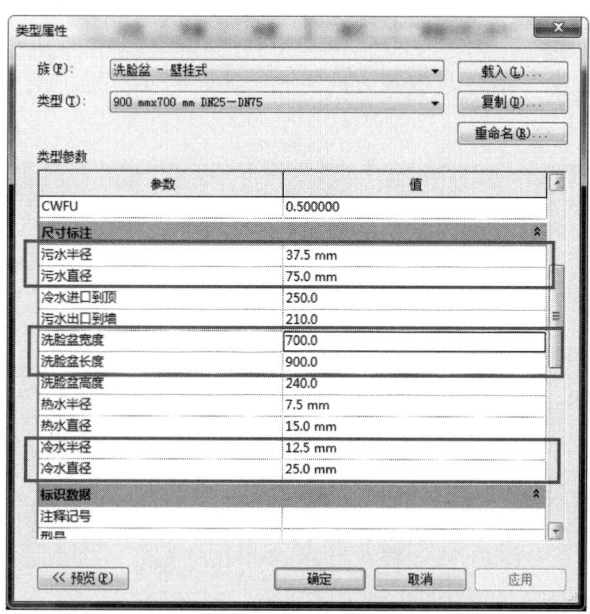

图 4-74　洗脸盆类型属性设置

修改完成后单击“确定”按钮，退出对话框，接下来修改洗脸盆的实例参数。

由图纸可知，洗脸盆的安装高度为 900mm。因此，在“属性”面板中修改洗脸盆立面参数为“900.0”，修改结果如图 4-75 所示。

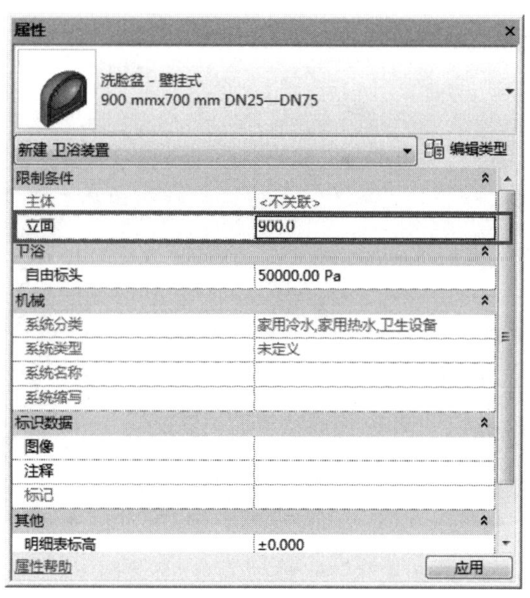

图 4-75　洗脸盆实例参数设置

将鼠标指针移动至绘制好的参照平面上单击，放置洗脸盆，按两次 Esc 键退出放置模式。切换至三维视图，检查其放置方向是否正确，若不正确，则单击 Space 键翻转方向，结果如图 4-76 所示。

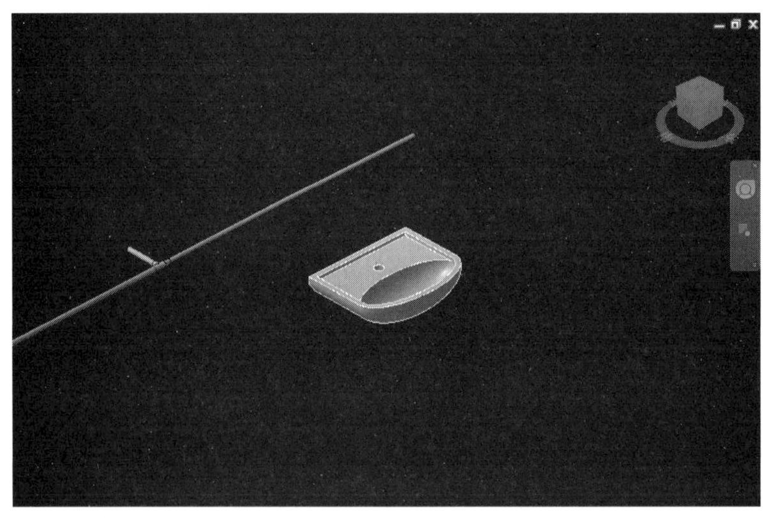

图 4-76　调整洗脸盆方向

接下来切换至±0.000 楼层平面视图，单击绘制的洗脸盆，出现洗脸盆接管节点，如图 4-77 所示。

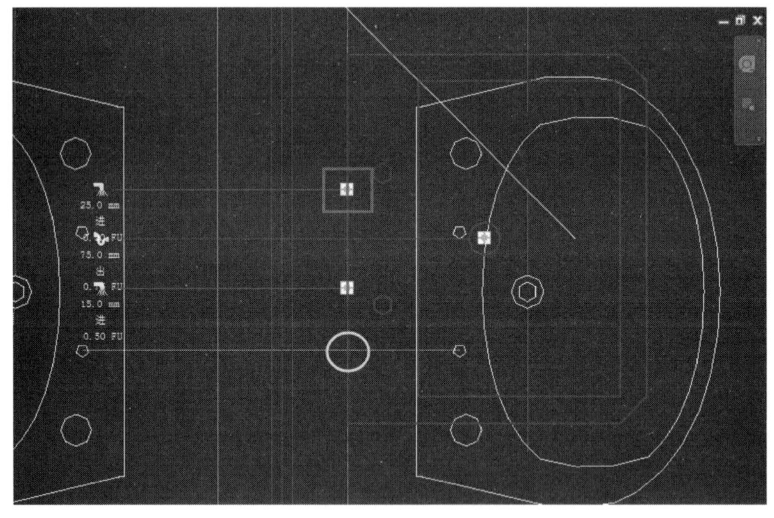

图 4-77　洗脸盆接管节点示意图

找到冷水进水口的位置，用鼠标指针拖动其至 CAD 图纸中给水管与墙面交点处放置，结果如图 4-78 所示。

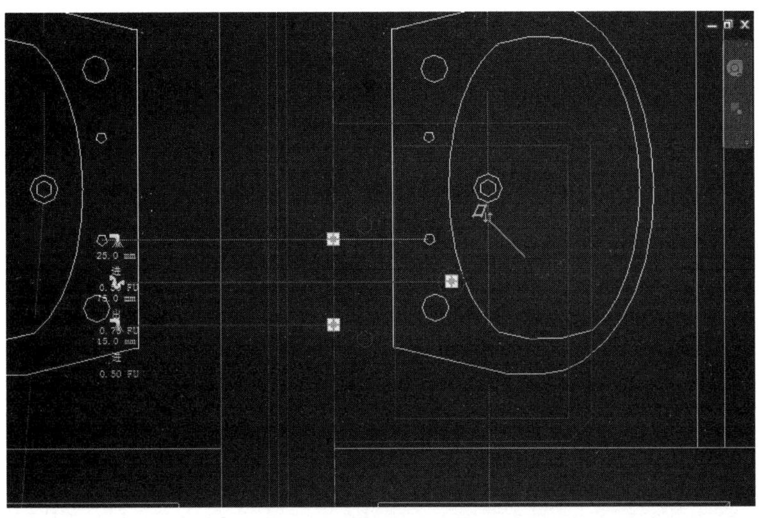

图 4-78　找到进水冷水口位置

由于洗脸盆的位置处于管道末端，因此使用“连接到”按钮直接将设备连接到支管可能会导致生成的方案不符合图纸要求。此处先绘制一段连接管道，再将设备连接到绘制的连接管道上，即可完成。

切换至±0.000 楼层平面视图，进入管道绘制模式，选择“PE63-1.0 MPa”管道，修改直径为 25mm，偏移量为 1000mm。如图 4-79 所示，从连接管道与支管的交点处开始绘制。

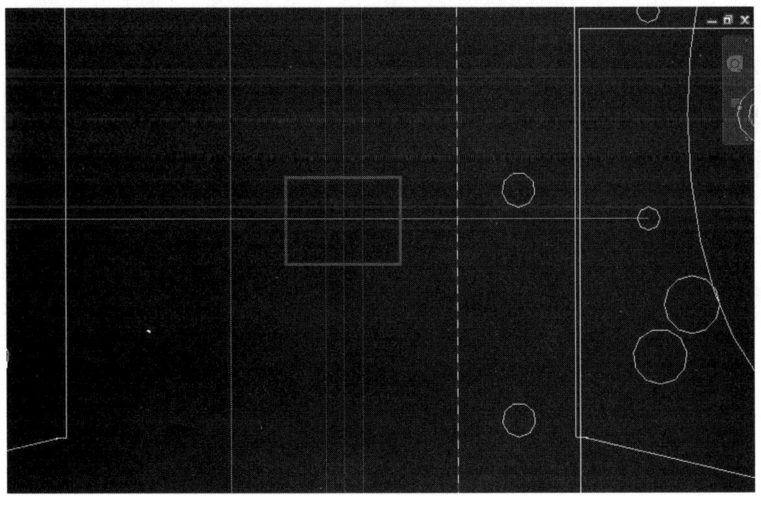

图 4-79　绘制立管位置

单击交点之后，更改上方偏移量为“1300”（直接绘制到 1500mm 不会自动生成三通管件），修改后单击“应用”按钮，完成绘制。绘制结果如图 4-80 所示。

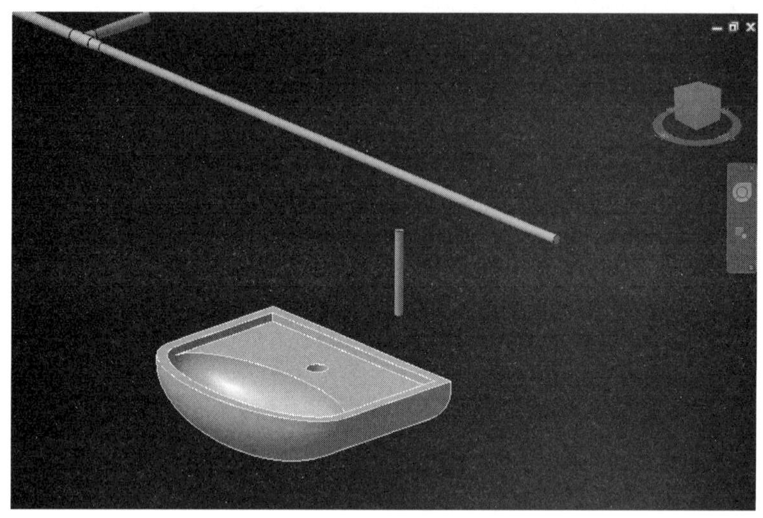

图 4-80　完成立管绘制

绘制完成之后，在三维视图中选择绘制的立管，如图 4-81 所示。

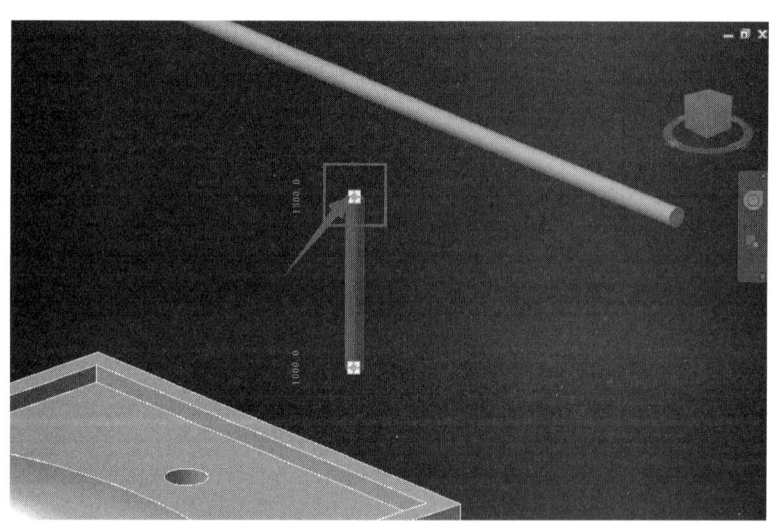

图 4-81　绘制完成的立管三维显示

选择立管上侧节点，按住鼠标左键将其沿竖直方向拖动至支管，如图 4-82 所示。

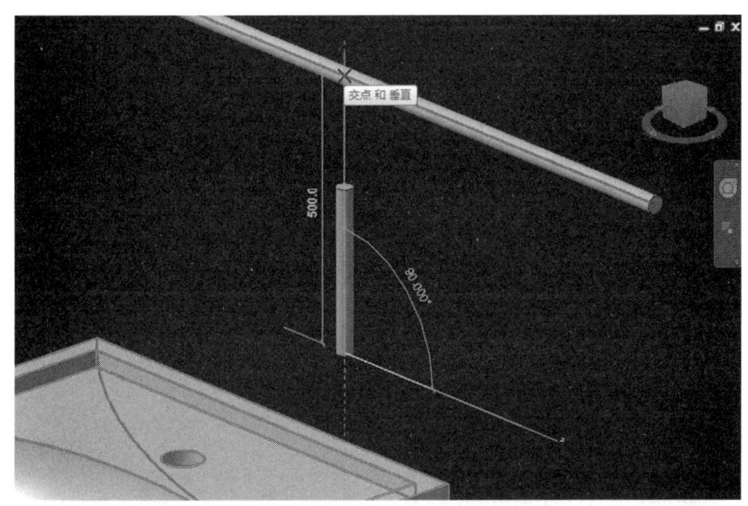

图 4-82　拖动立管

拖动完成后结果如图 4-83 所示，此时绘制的立管与支管连接处已自动生成三通管件。

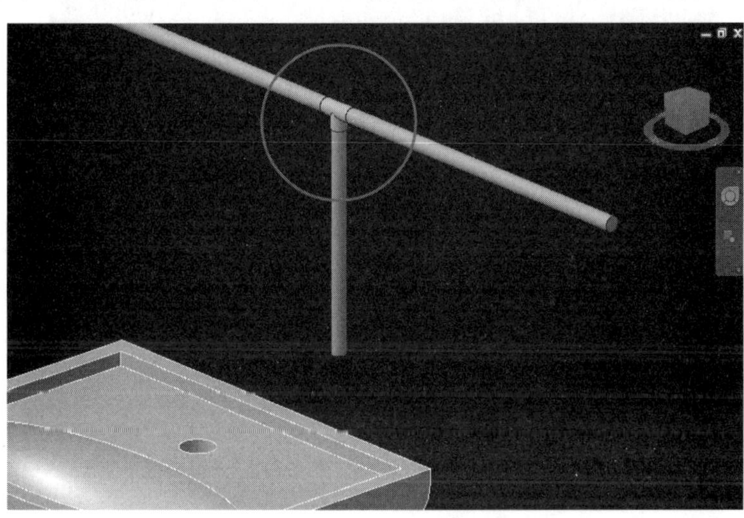

图 4-83　立管与支管自动生成三通管件

接下来选中洗脸盆，单击“连接到”按钮，选择“家用冷水”连接件，选择绘制的立管，洗脸盆将自动与管道进行连接，结果如图 4-84 所示。

至此，洗脸盆的放置就完成了。采用上述方法将一层设备布置完成之后，可使用“复制—粘贴与选定标高对齐”将其复制到二层。具体操作如下：选择需要复制到二层的所有设备，单击“修改 | 选择多个”选项卡—“剪贴板”面板—“复制”按钮，再单

击“粘贴”按钮，其下拉菜单如图 4-85 所示，选择“与选定的标高对齐”选项，打开如图 4-86 所示对话框，再选择需要复制到的楼层，单击“确定”按钮完成复制。待所有设备复制到二层之后，再重复连接操作。值得一提的是，自动连接功能虽然方便快捷，但是当在同一位置存在多个设备需要连接时，该功能可能难以满足需求，通常采取的方法是先手动绘制再进行自动连接。

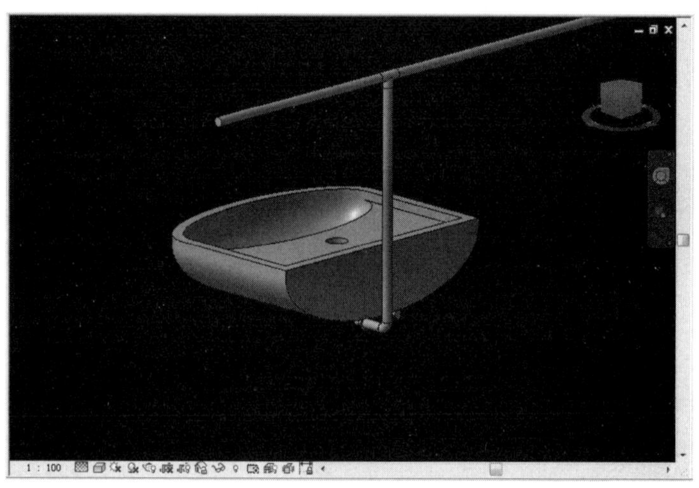

图 4-84　洗脸盆与管道自动连接

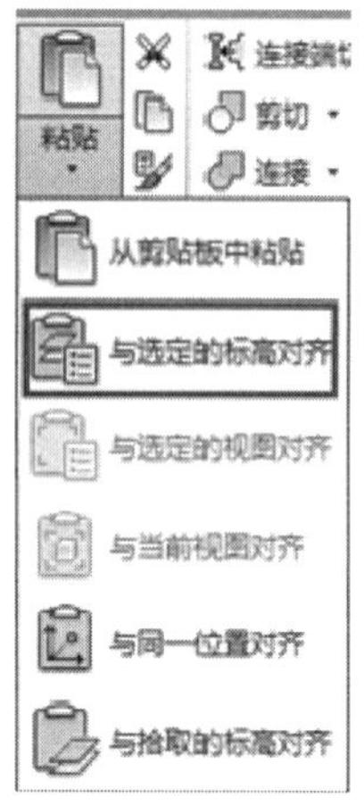

图 4-85　选择“与选定的标高对齐”

图 4-86　“选择标高”对话框

4.2.6　出图时弯头的绘制方法

模型绘制完成后，接下来为读者介绍使用 Revit MEP 出图的功能。首先切换到±0.000

楼层平面视图，选择导入的 CAD 图纸，右击，选择“在视图中隐藏”—“图元”选项，将导入的 CAD 图纸隐藏，结果如图 4-87 所示。

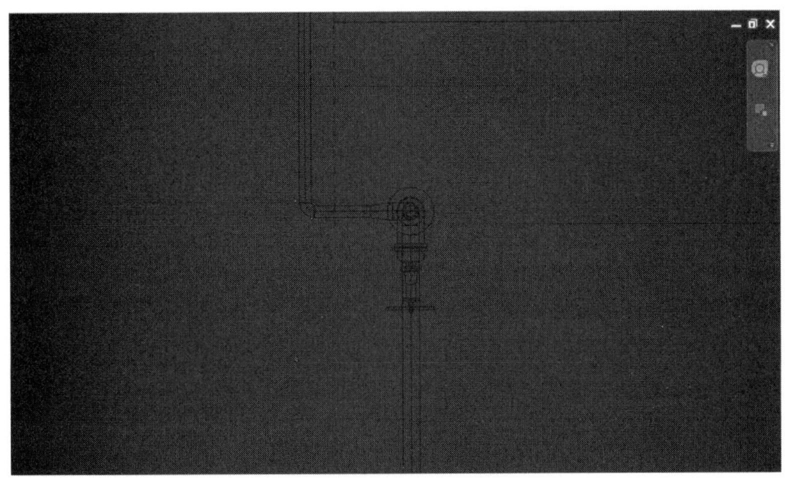

图 4-87　隐藏 CAD 图纸

接下来在楼层平面的“属性”面板中选择当前视图样板，即“卫浴平面—标高 0.000”，出现如图 4-88 所示界面。

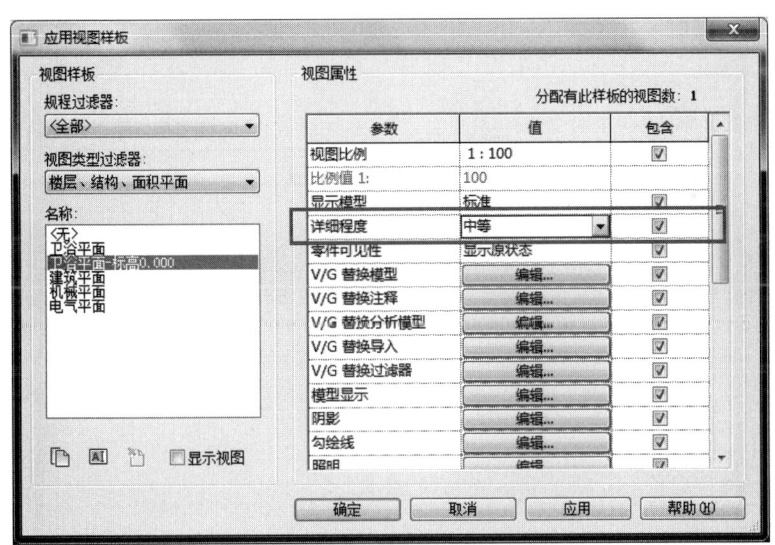

图 4-88　当前视图样板

将详细程度的值改为“中等”，单击“确定”按钮完成修改。结果如图 4-89 所示。

图 4-89　视图显示结果

容易发现，显示存在的问题主要是弯头显示过大，立管直径过大。而通常管道平面图中，弯头是不予表示的。因此需要修改弯头和立管的显示样式。

单击“管理”选项卡—“设置”面板—“MEP 设置”—“机械设置”按钮，出现如图 4-90 所示界面。

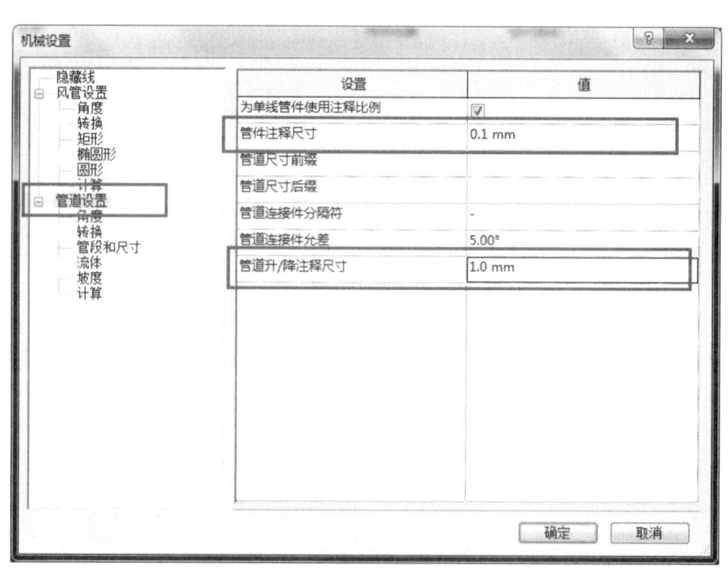

图 4-90　修改管道设置

选择左侧“管道设置”选项，在右侧的参数框中，“管件注释尺寸”即为平面图中管件的大小，其默认值为 3mm，此处将其修改为 0.1mm。而下方“管道升/降注释尺寸”即为平面图中立管的大小，其默认值也为 3mm，此处将其修改为 1mm。完成修改后单击“确定”按钮，结果如图 4-91 所示。

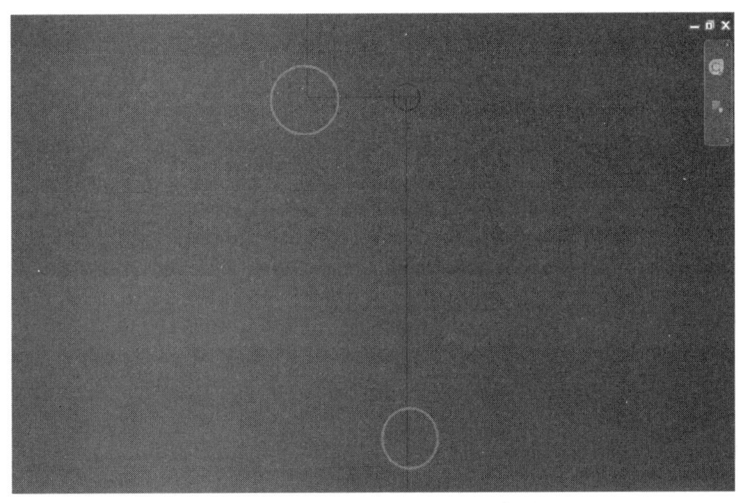

图 4-91　修改设置后的显示结果

可以看到弯头和立管的大小已修改合适，但其他管件如引入管上添加的水表也会随之变小。因此，此处修改的值需读者根据要求自行考虑。

至此，弯头的显示样式调整就结束了。接下来读者可通过直接导出 DWG 格式文件或新建图纸进行出图。此操作不再赘述。

本章小结

本章介绍了给排水系统的绘制方法。绘制管道是比较简单的操作，本章的难点在于图纸的管道支管较多，管件多且彼此距离小时，Revit MEP 不能自动生成管件，此时便需要用户考虑如何安排管件的位置，使之既符合图纸要求，又满足 Revit MEP 管件生成的逻辑。另外还需注意的是，在进行每一步绘制之前，都要确认已修改好相关的参数，否则后期修改模型的工作量会很大。

第5章 消防水系统设计

5.1 项 目 准 备

5.1.1 定义消防管道系统

打开 Revit MEP 软件，新建文件之后，单击“系统”选项卡—“管道”按钮，如图 5-1 所示，在“属性”面板中的“系统类型”下拉列表中选择对应的系统类型，在本例中选择“湿式消防系统”这一类型。

图 5-1 管道属性

5.1.2 导入 CAD 图纸

单击“插入”选项卡—“导入”面板—“导入 CAD”按钮，选择需要导入的 CAD 图纸，定位设置为“自动-中心到中心”，然后单击“打开”按钮即可，如图 5-2 所示。导入后的图纸如图 5-3 所示。

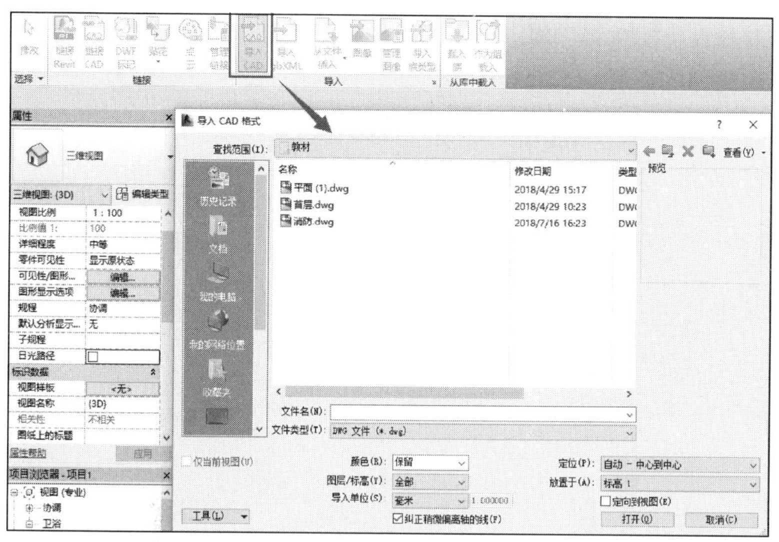

图 5-2　CAD 图纸导入方法

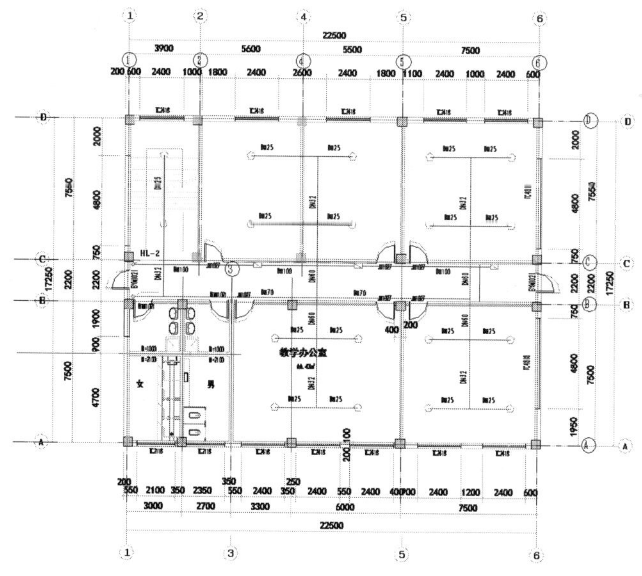

图 5-3　导入后的 CAD 图纸

5.2 消防系统模型的建立

5.2.1 消火栓箱的布置

选择“常用”选项卡—“模型”面板—“构件”选项，在选项栏中选择“消火栓箱”，若没有，则需载入“消防箱”族。在“属性”面板中，将偏移量设置为“1100.0”，即消火栓箱底部距离地面高度为1100mm，如图5-4所示。在合适的位置单击放置消火栓箱，绘制完成后如图5-5所示。

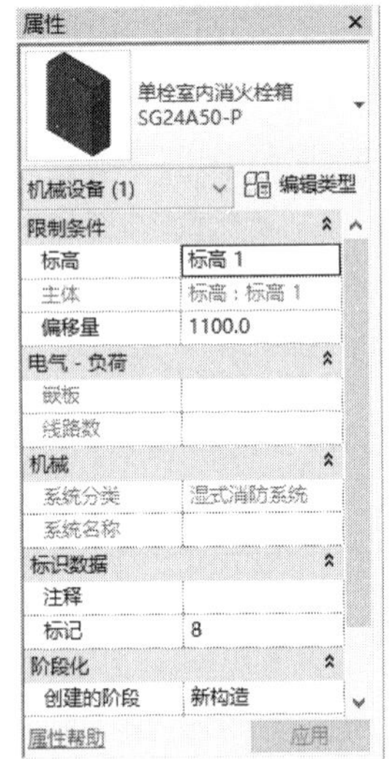

图5-4　消火栓箱“属性”面板

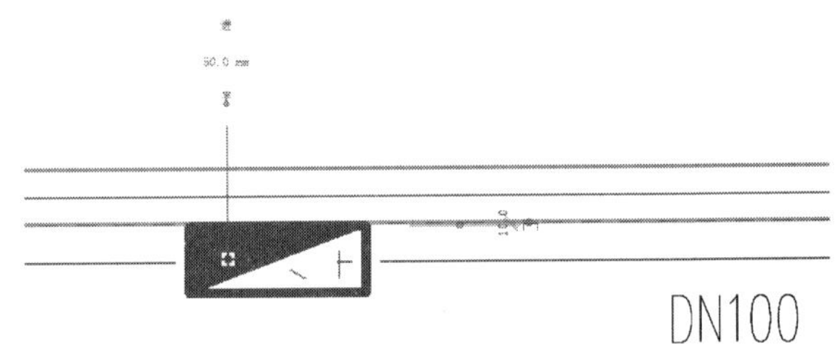

图5-5　消火栓箱平面图

切换至三维视图中，可看到消火栓箱的三维效果，如图5-6所示。

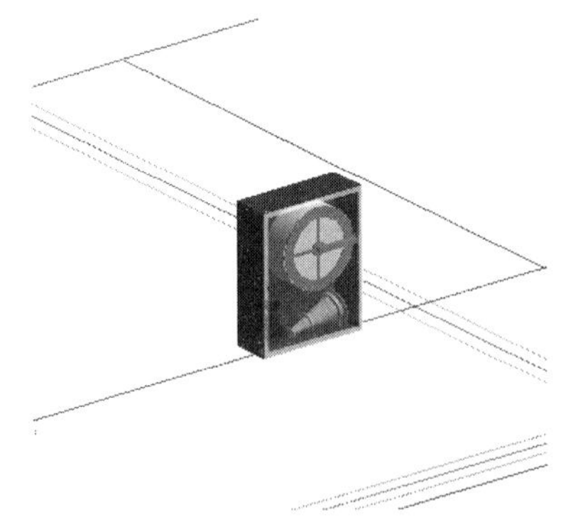

图5-6　消火栓箱三维效果

5.2.2　消防系统的创建

（1）在绘制喷淋装置之后，选择任意一个“喷淋装置”，选择“修改 | 喷头”选项卡—“创建系统”面板—“管道”选项，如图 5-7 所示。

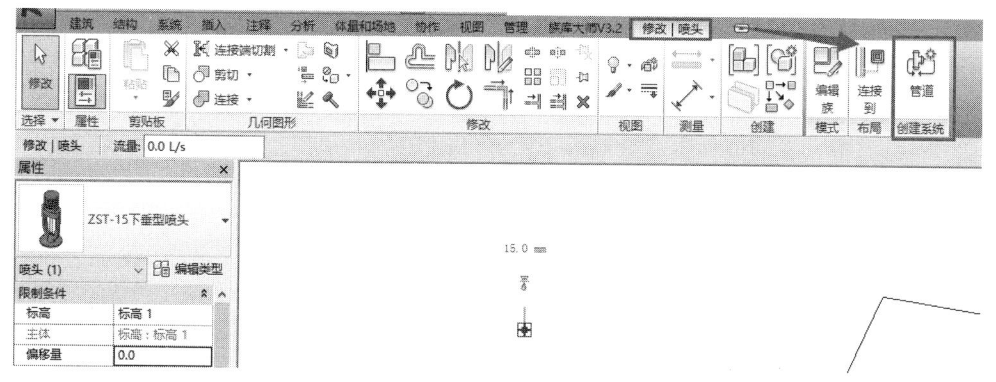

图 5-7　选择“管道”选项

（2）创建系统名称为“喷淋系统”的管道系统，并选中“在系统编辑器中打开”复选框，如图 5-8 所示。

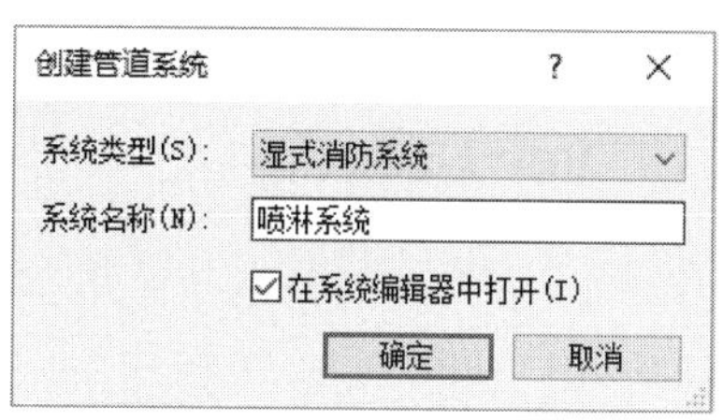

图 5-8　创建管道系统

（3）在“编辑管道系统”面板下，有如图 5-9 所示的功能。单击“添加到系统”按钮，再单击某构件即可将该构件添加到这个系统中；同理，单击“从系统中删除”按钮，再单击系统中的构件即可将该构件从这个系统中删除。在选择完毕后，单击“完成编辑系统”按钮，完成对系统的编辑。

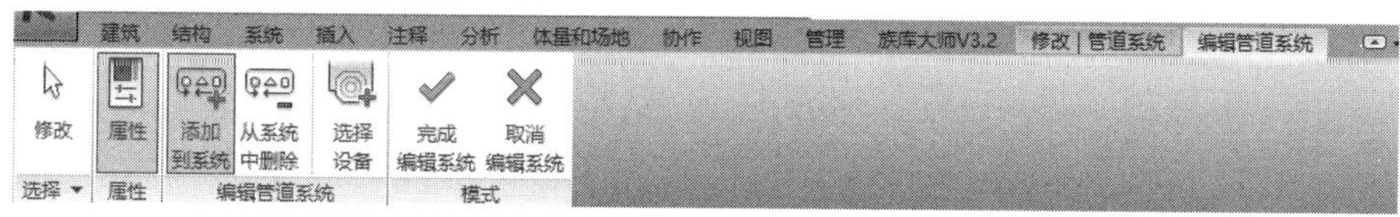

图 5-9　编辑管道系统功能

5.2.3　消防管道的布置

1. 配置管道

1）新建管道类型

单击“系统”选项卡—“卫浴和管道”面板—“管道”按钮，如图 5-10 所示。

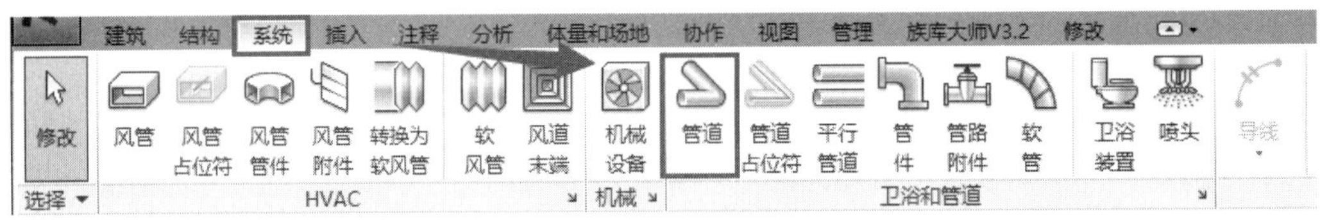

图 5-10　“管道”按钮

在出现“修改丨放置 管道”选项卡的状态下，在“属性”面板中单击“编辑类型”按钮，在打开的“类型属性”对话框中单击“复制”按钮，接着在打开的对话框中将“名称”改为需要配置的管道的名称，在本例中将名称改为“消防管道”，如图 5-11 所示。

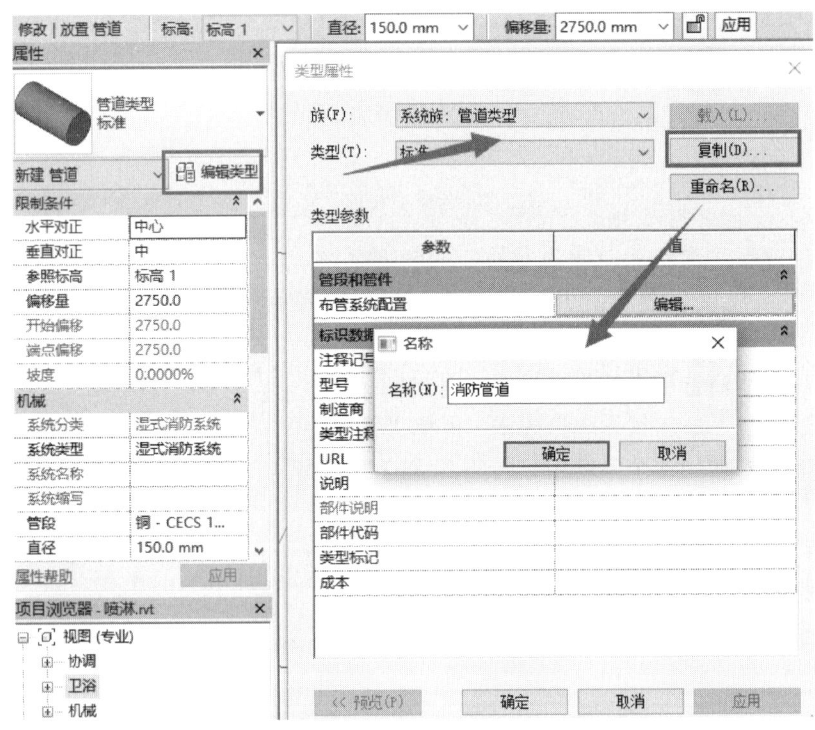

图 5-11　新建消防管道

在复制管道类型之后，单击“布管系统配置”右侧的“编辑”按钮，对管道的材质、最大及最小尺寸、弯头类型等根据实际工程进行进一步的调整，如图 5-12 所示。设置完成后，单击“确定”按钮，返回“类型属性”对话框，单击“确定”按钮，完成消防管道的创建。

2）管径与标高的修改

在绘制管道时，需要对管径与标高进行修改。具体操作方法如下：单击“系统”选项卡—“卫浴和管道”面板—“管道”按钮，出现选项栏，如图 5-13 所示，在“直径”框中填写所绘制管道的直径，在“偏移量”栏中填写该管道的标高，即管道距离对应楼层平面的高度。

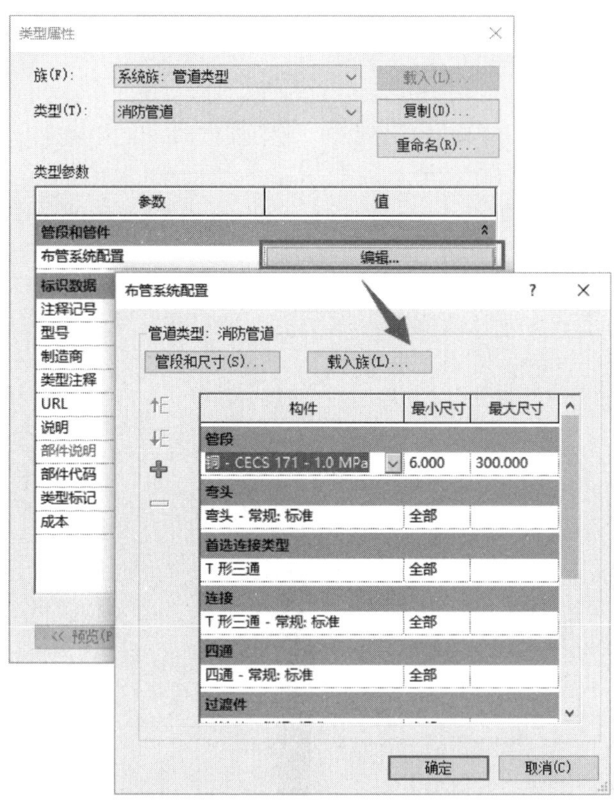

图 5-12　消防管道布管系统配置

图 5-13　设置管径和标高

2. 绘制消防立管

在平面图中绘制消防立管时，首先单击“系统”选项卡—“卫浴和管道”面板—“管道”按钮，在弹出的选项栏中设置好管径和起始标高，然后在要画消防立管的地方单击，在选项栏中再次修改管道的标高，单击旁边的“应用”按钮，即可完成消防立管的绘制。绘制效果如图 5-14 及图 5-15 所示。

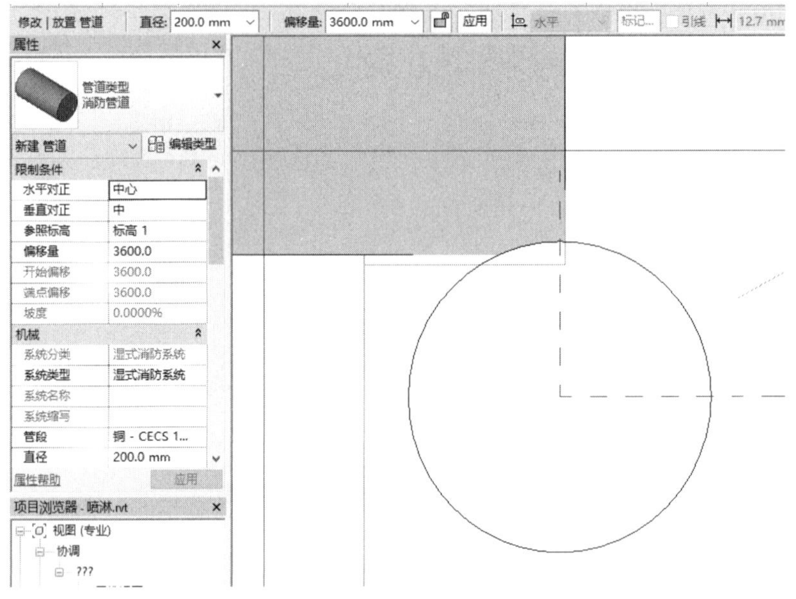

图 5-14　立管平面视图

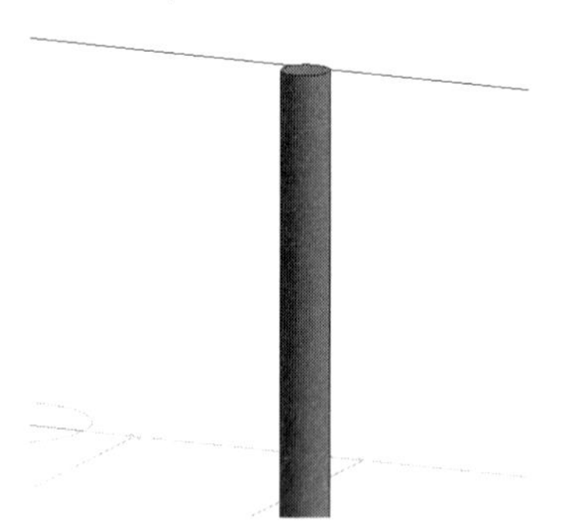

图 5-15　立管三维视图

3. 绘制消防水平管道

1）变径管道的绘制

在平面图中绘制消防水平管道时，首先单击“系统”选项卡—“卫浴和管道”面板—“管道”按钮，在弹出的选项栏中设置好管径和偏移量，在本例中将管径首先设置为 60mm、偏移量设置为 2600mm。在 DN60 和 DN32 的交界处单击，接着在选项栏中将管径设置为 32mm。继续进行管道的绘制，在管径变化处会生成如图 5-16 所示的连接件。

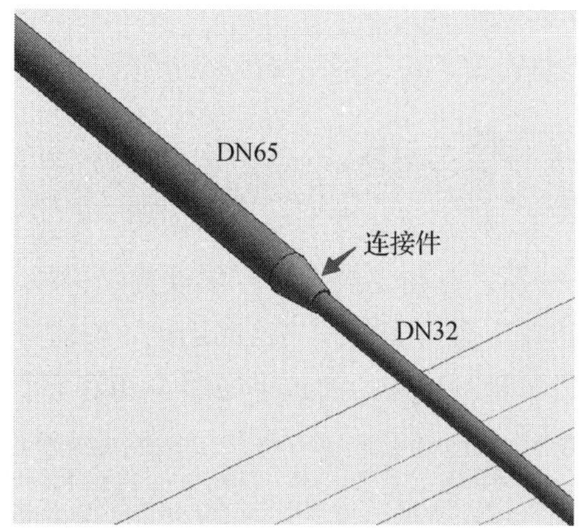

图 5-16　变径管自动生成

2）三通管道的绘制

在平面图中绘制三通管道时，首先单击“系统”选项卡—“卫浴和管道”面板—“管道”按钮，在弹出的选项栏中设置好管径和偏移量。然后将鼠标指针移动到已有管道的中心位置，单击，将此处确定为管道的起点，移动鼠标指针到合适的终点位置再次单击，即可完成三通管道的绘制。在原有管道与新绘制的管道的连接处会自动生成连接件，如图 5-17 所示。

3）四通管道的绘制

在平面图中绘制四通管道时，首先单击“系统”选项卡—“卫浴和管道”面板—“管道”按钮，在弹出的选项栏中设置好管径和偏移量。将鼠标指针移动到已有管道的中心位置，单击，将此处确定为管道的起点，移动鼠标指针到合适的终点位置再次单击，即可完成四通管道的绘制。在原有管道与新绘制的管道的连接处会自动生成连接件，如图 5-18 所示。

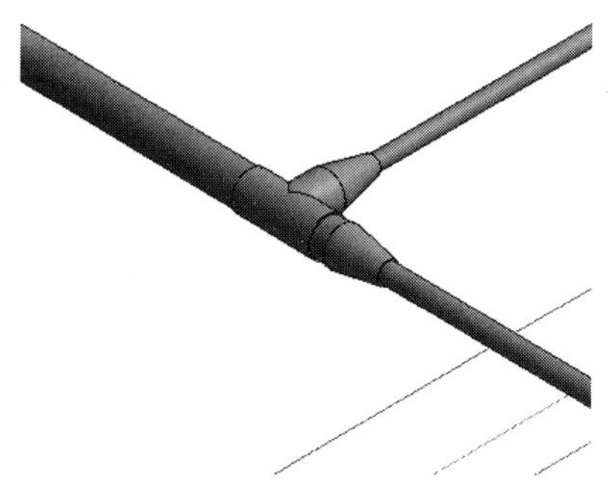

图 5-17　三通管道的绘制

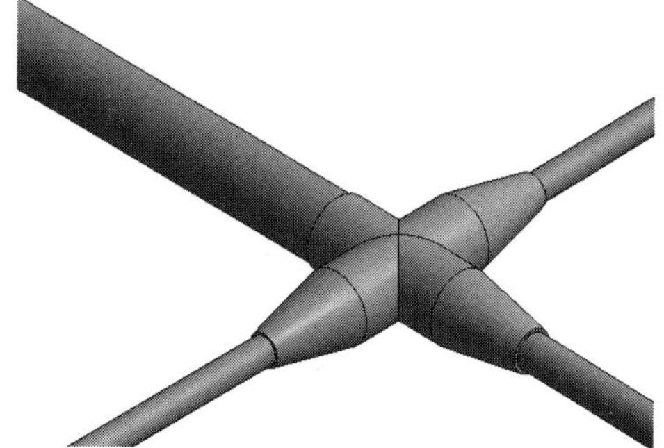

图 5-18　四通管道的绘制

4）根据 CAD 图纸继续绘制管道

在本图纸中有大量相同管道，可以通过复制管道加快建模速度。

5.2.4 连接消火栓箱至管网

在三维视图中绘制立管，使消火栓箱与管网相连接。单击“系统”选项卡—“卫浴和管道”面板—“管道”按钮，在弹出的选项栏中设置好管径与偏移量。单击“修改丨放置 管道”选项卡—“放置工具”面板—“自动连接”按钮，取消“自动链接”功能，如图 5-19 所示。消火栓箱与管网连接后的效果如图 5-20 所示。

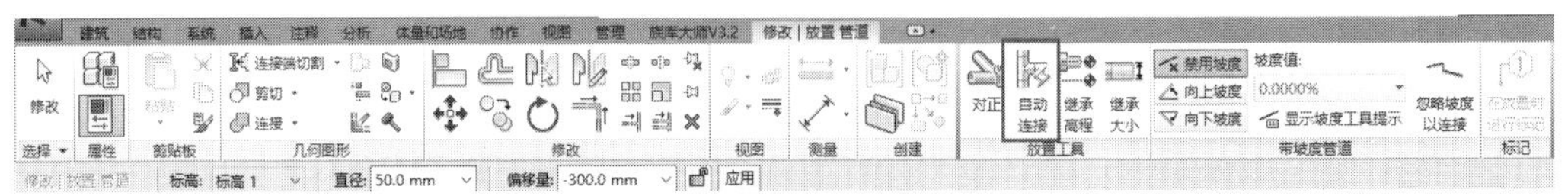

图 5-19 “自动链接”按钮

图 5-20 消火栓箱与管网相连

5.2.5 管道附件的布置

1. 布置阀门

在平面视图中，单击“系统”选项卡—“卫浴和管道”面板—“管路附件”按钮，在“属性”面板中选择所需的阀门，如图 5-21 所示，如其中无所需的阀门，可自行载入相应的族。

将鼠标指针移动到需要布置阀门的位置，在管道的中心线处单击进行阀门的布置，此时软件会自动将阀门布置在管道中，并添加相应的连接件，绘制效果如图 5-22 所示。

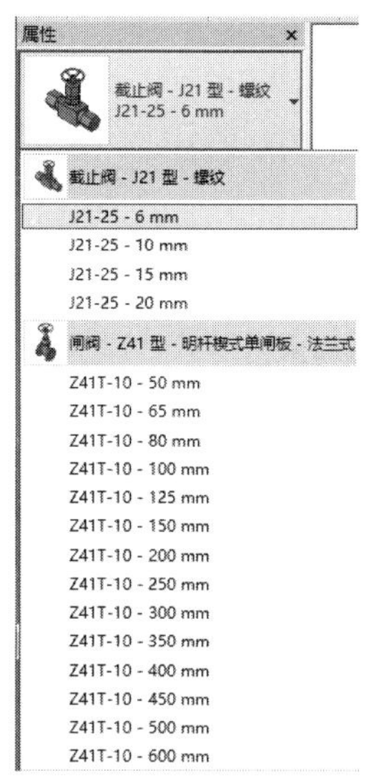

图 5-21　选择所需的阀门

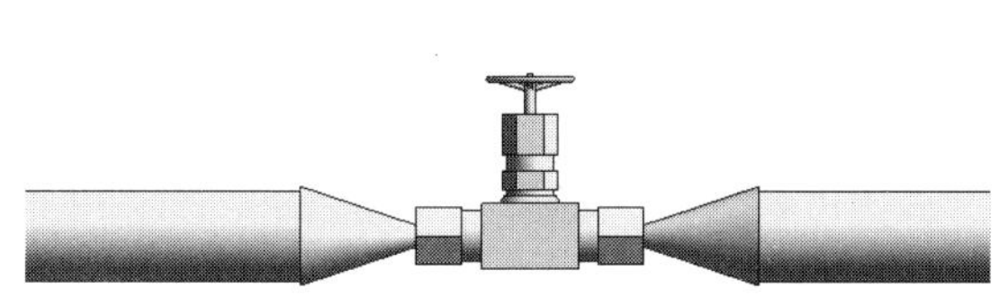

图 5-22　阀门三维视图

2. 布置喷头

单击“系统”选项卡—“卫浴和管道”面板—“喷头”按钮，在“属性”面板中选择所需的阀门和喷头类型。若项目中未载入“喷头族”或没有所需的喷头，则需要载入喷头族。在打开的“载入族”对话框中，根据项目实际选择喷头类型，如图 5-23 所示。此处选择下垂喷头。

图 5-23　载入喷头族

在“属性”面板中，将喷头的偏移量根据实际工程进行调整，此处设置为 2200mm，如图 5-24 所示。

将鼠标指针移到需要布置喷头的位置单击，布置喷头，单击“修改”选项卡—“修改”面板—“对齐”按钮，调整喷头位置，如图 5-25 所示。

选中所绘制的喷头，单击“修改 | 喷头”选项卡—“布局”面板—“连接到”按钮，再单击需要连接的管道，完成喷头与喷淋管道的连接，效果如图 5-26 所示。

图 5-24　喷头标高设置

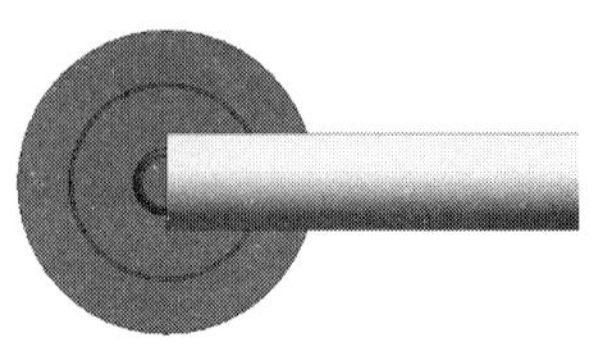

图 5-25　喷头三维视图

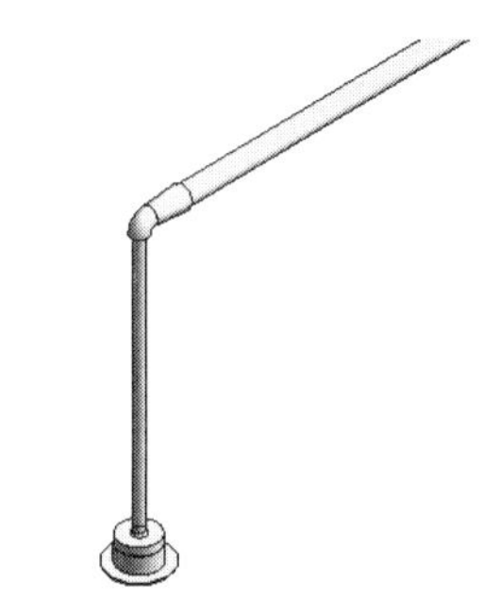

图 5-26　喷头和管道连接

5.2.6　消防系统检查

单击“分析”选项卡—“检查系统”面板—“检查管道系统”按钮对创建的管道系统进行检查，以确认各个系统都被指定给定义的系统。当出现以下情况时，则会提示警告信息：

（1）系统未连接好；

（2）流动/需求配置不匹配；

（3）流动方向不匹配。

要显示图形断开警告，需要单击“分析”选项卡—“检查系统”面板—“显示隔离开关”按钮，在打开的如图 5-27 所示对话框中选择一项或多项内容进行显示。

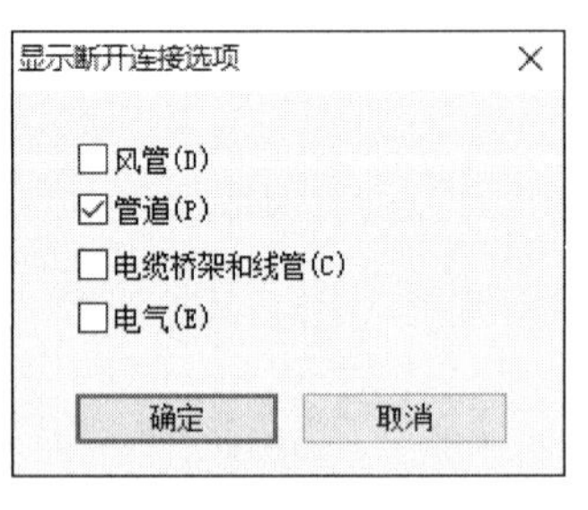

图 5-27　“显示断开连接选项”对话框

单击警告标记以显示相关警告信息，如图 5-28 所示。在相关的警告消息中，根据需要单击箭头按钮以滚动浏览警告消息列表。单击“展开警告对话框”按钮▣查看警告消息的详细信息。调整无误后，警告标记消失。

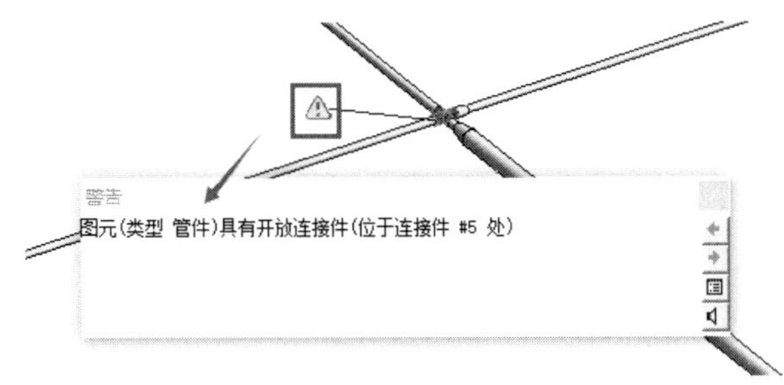

图 5-28　显示相关警告消息

5.2.7　消防管道显示样式

下面为消防管道添加颜色以改变消防管道的显示样式。具体操作如下：

单击“视图”选项卡—“图形”面板—“可见性/图形”按钮，在打开的“三维视图：(3D）的可见性/图形替换”对话框中选择过滤器，进行设置。具体设置方法与本书第 3 章中为风管添加颜色类似。设置完成后，对话框如图 5-29 所示。添加颜色后的管道如图 5-30 所示。

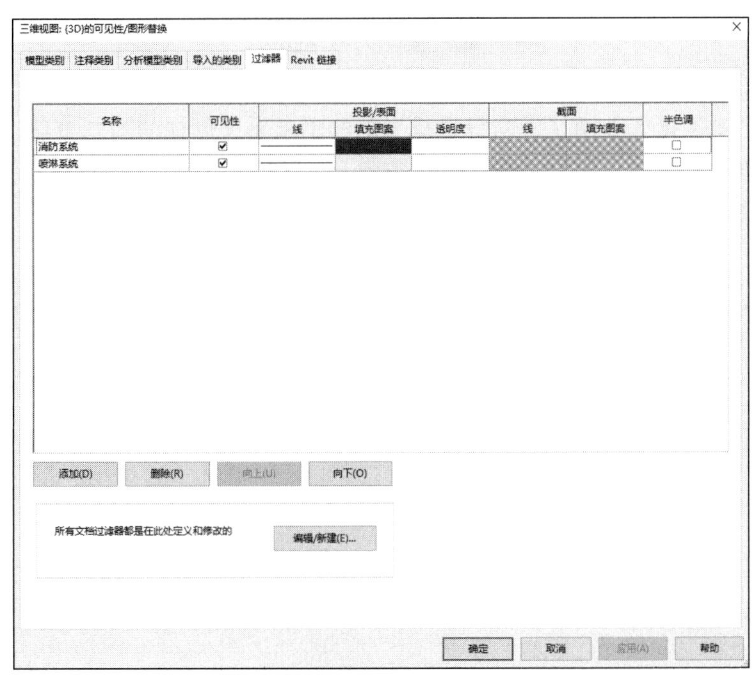

图 5-29　过滤器的设置

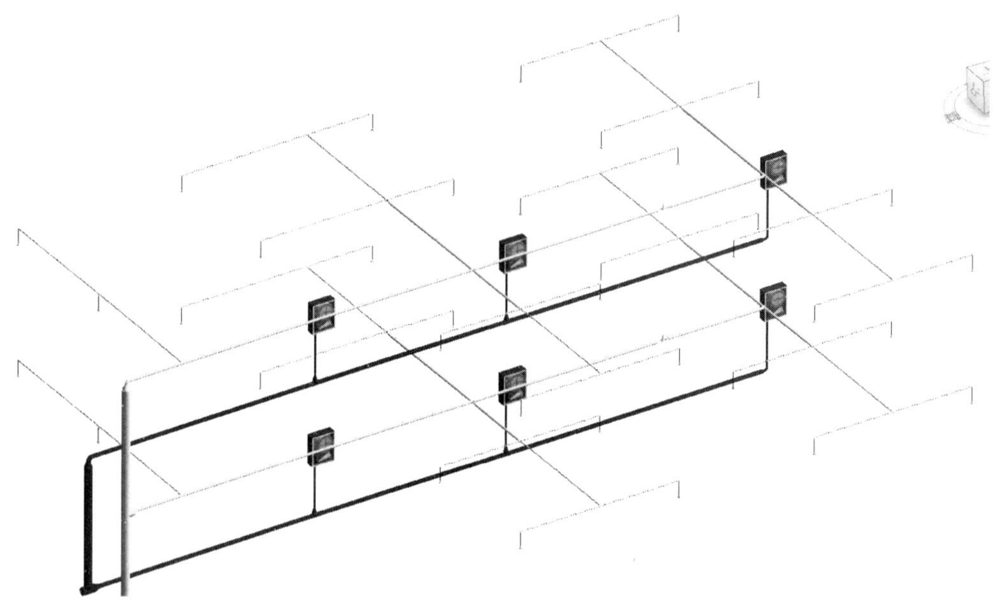

图 5-30　消防系统三维视图

本 章 小 结

本章通过实例操作介绍了消防管道模型的绘制及系统创建的基本方法。根据以上绘制方法也可以对其他项目进行消防水系统的设计。在遇到像水幕、气体消防等其他消防系统时，需要载入相应的族，之后的绘制方法便与上面介绍的类似。

电气系统设计

6.1 项 目 准 备

6.1.1 新建项目文件

成功安装 Revit MEP 后，启动 Revit MEP，出现图 6-1 所示界面。

图 6-1　Revit MEP 初始界面

我们需要新建项目文件，不同项目样板的区别在于根据不同专业的要求，在单位、线型、不同构件的显示等方面存在一定的区别。单击“新建”按钮，打开“新建项目”

对话框，如图 6-2 所示，选择自己所需的项目样板。也可以单击“浏览”按钮，打开“选择样板”对话框，如图 6-3 所示，选择所需项目样板。

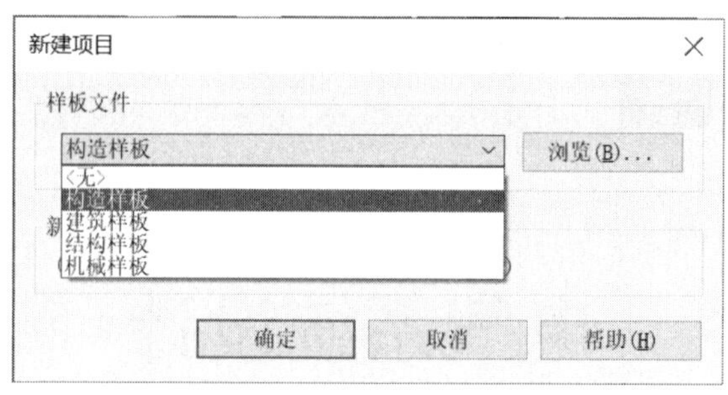

图 6-2 “新建项目”对话框

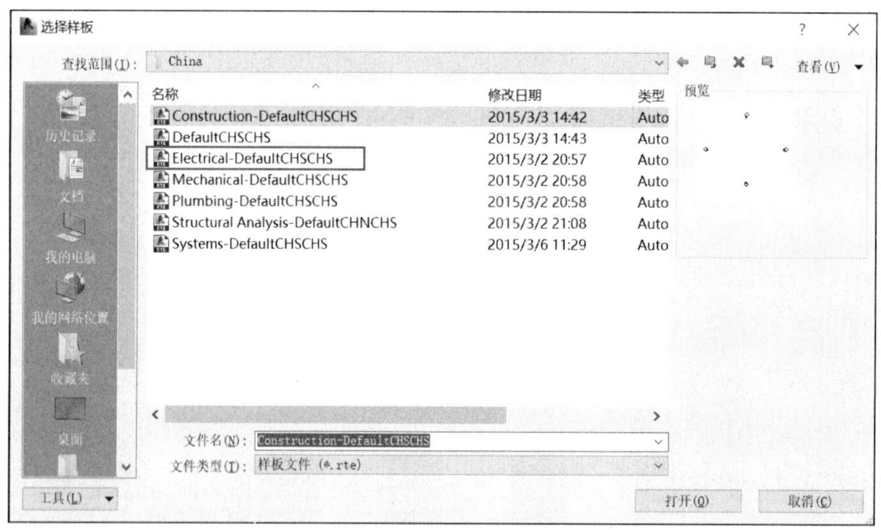

图 6-3 选择电气系统项目样板

在本例中，我们选择“Electrical-DefaultCHSCHS”项目样板，单击“打开”按钮，完成创建。创建完成后，可先将其另存，然后选择项目形式，保存到自己需要的位置，接下来进行后续操作。如图 6-4 所示，选择“系统”选项卡—“电气”面板，即可找到绘制电缆桥架及线管的位置。

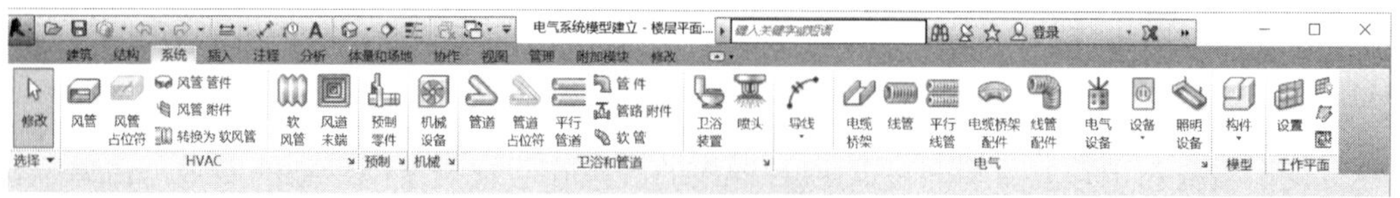

图 6-4 “电气”面板

此时，我们就创建好一个项目文件了，后续操作均基于此样板进行。

6.1.2　导入 CAD 图纸

导入 CAD 图纸有两种方式，一种是链接 CAD，另一种是导入 CAD。这两种方式的区别在于：链接 CAD 是指，相应的 CAD 修改之后，Revit MEP 中的 CAD 文件也会做相应的修改，也就是同步响应；导入 CAD 是指，Revit MEP 中的 CAD 文件与源 CAD 的操作完全没有联系，可以随意修改。

如图 6-5 所示，单击“插入”选项卡—“导入”面板—“导入 CAD”按钮，打开“导入 CAD 格式”对话框，选择需要导入的 CAD 图纸，单击“打开”按钮。或者是选择“插入”选项卡—“链接”面板—“链接 CAD”选项，都可以导入 CAD 图纸。

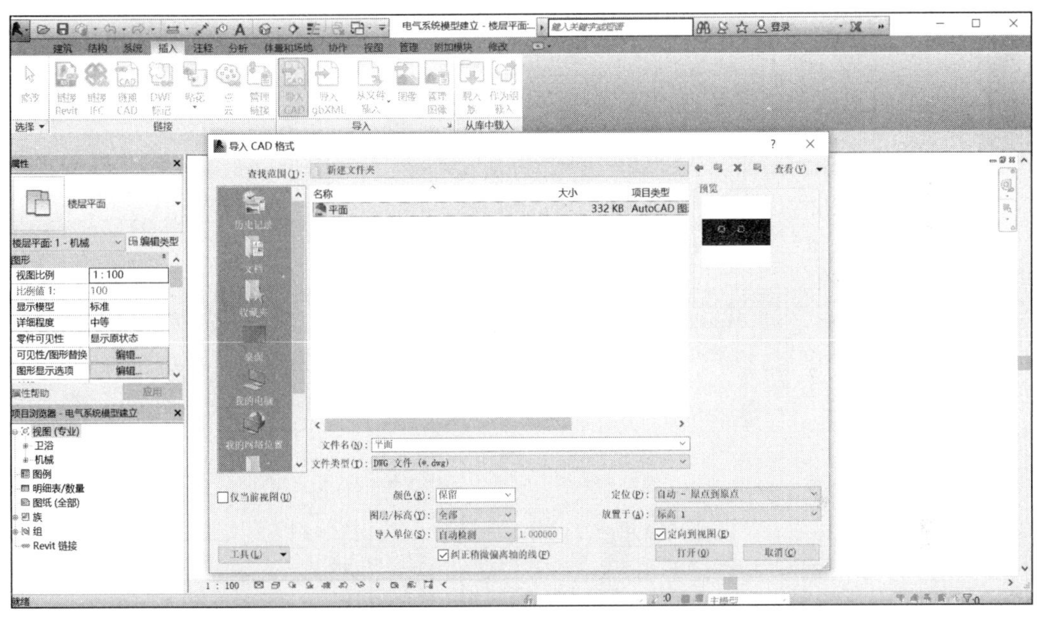

图 6-5　CAD 图纸导入

若只想在 Revit MEP 中导入 CAD 中的部分图形，可以先在 CAD 中对图纸进行处理。

选中需要导入 Revit MEP 的图形，在命令栏输入 W，确认后打开图 6-6 所示的对话框，按默认选择“对象”并选择保存的路径，将其重命名，单位改成毫米。然后按照开始时的步骤，导入 CAD 图纸。导入 CAD 图纸后的 Revit MEP 的界面如图 6-7 所示。

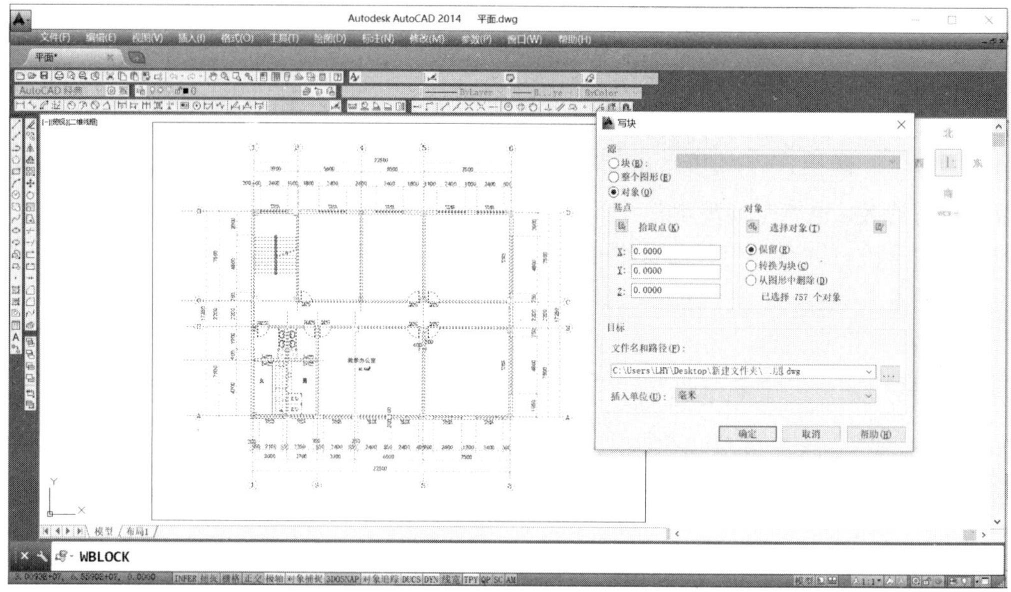

图 6-6　导入前 CAD 图纸处理

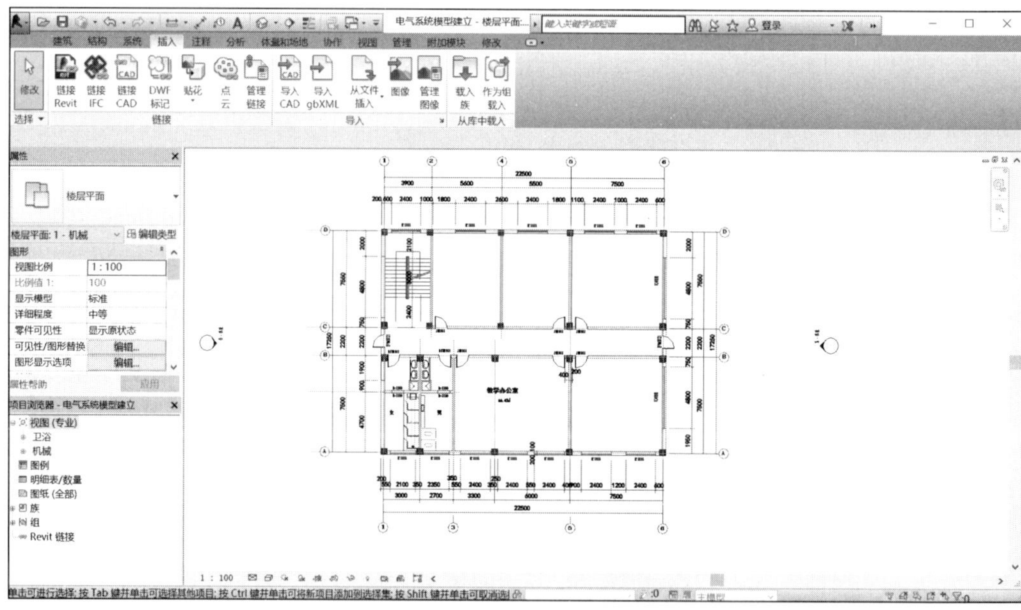

图 6-7　导入后的 CAD 图纸

6.2　电气系统模型的建立

6.2.1　电缆桥架的设置

1. “属性”面板

选择“系统”选项卡—“电气”面板—“电缆桥架”选项，在左边会出现电缆桥架的“属性”面板（图 6-8）。单击“编辑类型”按钮，会打开图 6-9 所示的“类型属性”对话框。我们可以选择电缆桥架的样式，若不想改变软件自带的基本样式，可以复制一个电缆桥架的样式并进行重命名，在此基础上进行设置，如图 6-10 所示。

图 6-8　电缆桥架“属性”面板

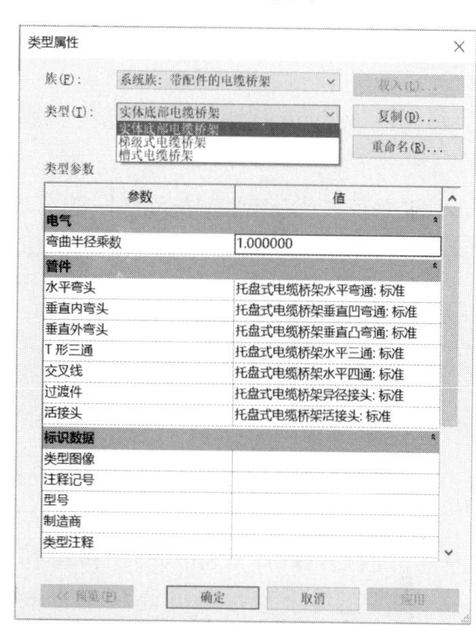

图 6-9　选择电缆桥架样式

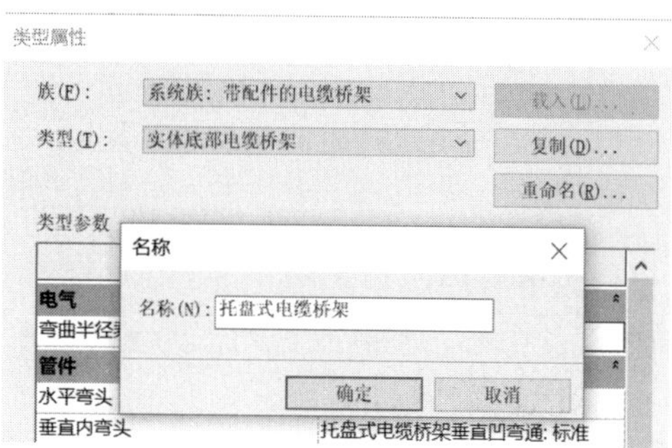

图 6-10　新建桥架名称

2. 选项栏参数说明

电缆桥架的选项栏如图 6-11 所示。

图 6-11 电缆桥架选项栏

参数说明如下。

宽度：指定电缆桥架的宽度。

高度：指定电缆桥架的高度。

偏移量：指定电缆桥架相对于当前标高的垂直高程。可以输入偏移值或从建议偏移值列表中选择值。

/：锁定或解锁管段的高程。锁定后，管段会始终保持原高程，不能连接处于不同高程的管段。

弯曲半径：指定电缆桥架管件的弯曲半径。默认弯曲半径被设置为电缆桥架的宽度（在两个内部边缘之间测量得出）。可以在“类型属性”对话框中指定其他的弯曲半径。

3. 电缆桥架放置选项

选择“电缆桥架”工具时，“修改 | 放置电缆桥架”选项卡提供以下用于放置电缆桥架的按钮。

对正：单击该按钮可打开“对正设置”对话框，在该对话框中可以指定电缆桥架的“水平对正”、“水平偏移”和“垂直对正”。

自动连接：在开始或结束电缆桥架管段时，单击该按钮可以自动连接构件上的捕捉。该按钮对于连接不同高程的管段非常有用。但是，以不同偏移绘制电缆桥架或要禁用捕捉非 MEP 图元时，请再次单击“自动连接”按钮取消自动链接，以免造成意外连接。

在放置时进行标记：用于在视图中放置电缆桥架管段时，将默认注释标记应用到电缆桥架管段。

4. 对正设置

“对正设置”对话框包含以下布局选项。

水平对正：使用电缆桥架的中心、左侧或右侧作为参照，水平对齐电缆桥架剖面的各条边。

水平偏移：指定在绘图区域中的单击位置与电缆桥架绘制位置之间的偏移。如果要在视图中距另一构件固定距离的地方放置电缆桥架，则该选项非常有用。

垂直对正：使用电缆桥架的中部、底部或顶部作为参照，垂直对齐电缆桥架剖面的各条边。

5. 电缆桥架尺寸设置

1）添加电缆桥架尺寸

单击“管理”选项卡—“设置”面板—“MEP 设置”—“电气设置”按钮，在“电气设置”对话框的左侧窗格中，展开“电缆桥架设置”，然后选择“尺寸”选项。在右侧窗格中，单击“新建尺寸”按钮。在“新建电缆桥架尺寸”对话框中，输入尺寸，然后单击“确定”按钮。

2）修改电缆桥架尺寸

单击“管理”选项卡—“设置”面板—“MEP 设置”—“电气设置”按钮，在“电气设置”对话框的左侧窗格中，展开“电缆桥架设置”，然后选择“尺寸”选项，如图 6-12 所示。在右侧窗格中，选择电缆桥架尺寸，然后单击“修改尺寸”按钮。在“修改电缆桥架尺寸”对话框中，输入尺寸，然后单击“确定”按钮。

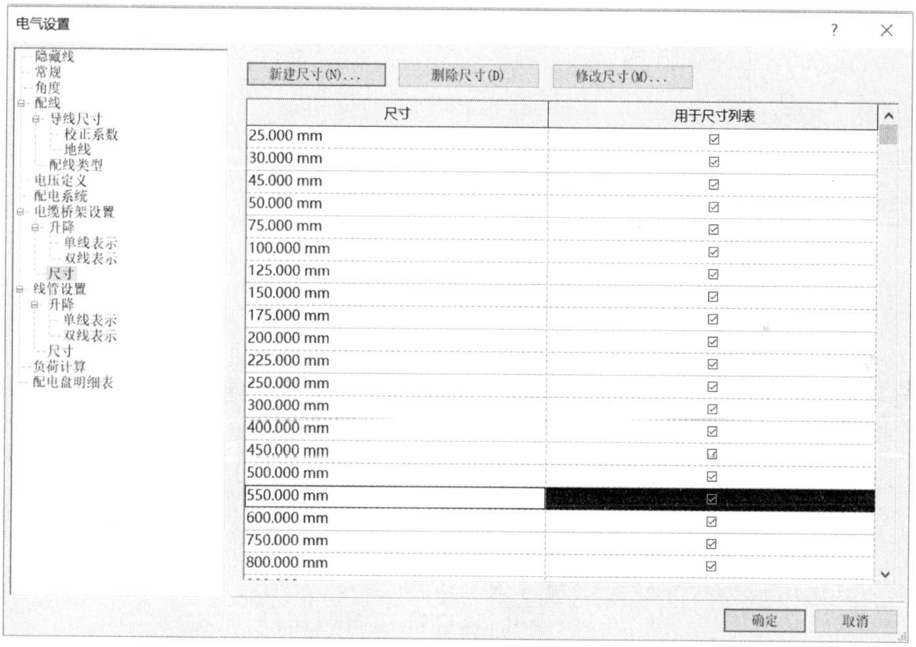

图 6-12　对桥架尺寸进行设置

3）删除电缆桥架尺寸

单击“管理”选项卡—“设置”面板—“MEP 设置”—“电气设置”按钮，在“电气设置”对话框的左侧窗格中，展开“电缆桥架设置”，然后选择“尺寸”选项。在右侧窗格中，选择电缆桥架尺寸，然后单击“删除尺寸”按钮。在“电气设置-删除设置”对话框中，单击“是”按钮。

6.2.2 电缆桥架三通、四通和弯头的绘制

设置好电缆桥架的参数后，开始绘制管道。

本例选择桥架的宽度为 350mm，高度为 200mm，偏移量设置为 2750mm（指定电缆桥架相对于当前标高的垂直高程为 2750mm），如图 6-13 所示，开始绘制。绘制过程中，在完成一部分的绘制后，如果不改变桥架的尺寸，可以在桥架上右击，选择“创建类似实例”选项，继续进行绘制。

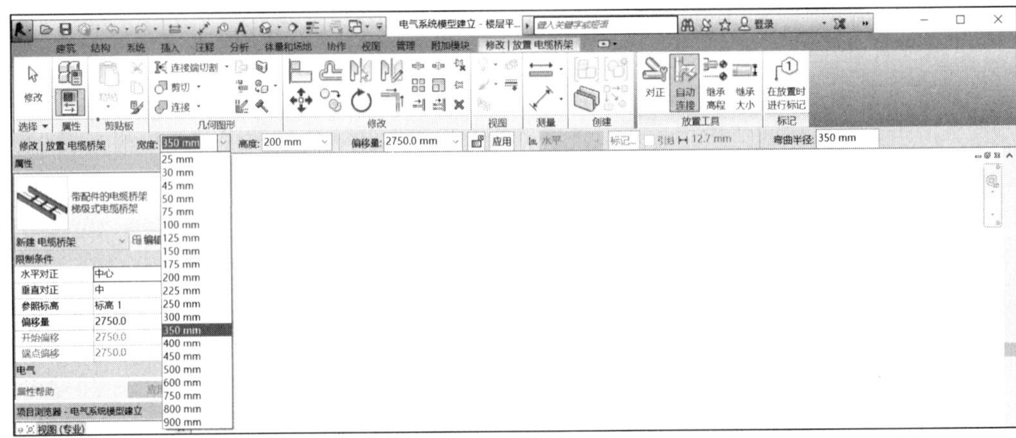

图 6-13 设置桥架的宽度、高度、偏移量

1. T 形三通的绘制

先绘制一根水平（或竖直）的桥架，然后在垂直于该桥架的方向上，从第一根桥架出发绘制第二根桥架，完成后，在交叉处会自动生成 T 形三通的配件，如图 6-14 所示。T 形三通的三根桥架可以不在同一高度上，其三维视图如图 6-15 所示。

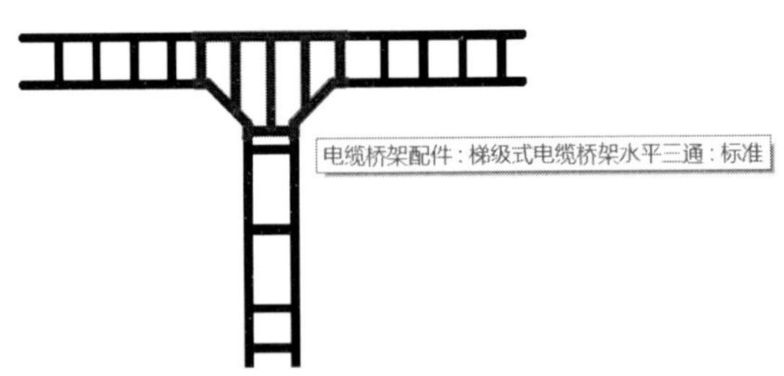

图 6-14 T 形三通

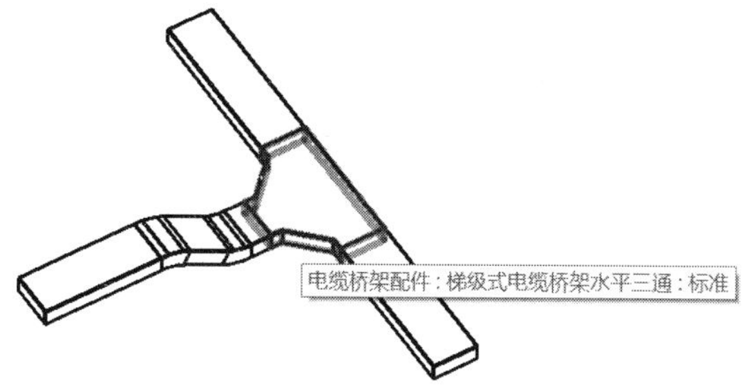

图 6-15　T 形三通三维视图

2. 水平四通的绘制

水平四通的绘制与 T 形三通的绘制方法类似，区别在于水平四通的四根桥架需要在同一水平高度绘制才能生成四通配件。若桥架的高度不一，会错开架设，不会生成四通配件，如图 6-16～图 6-18 所示。

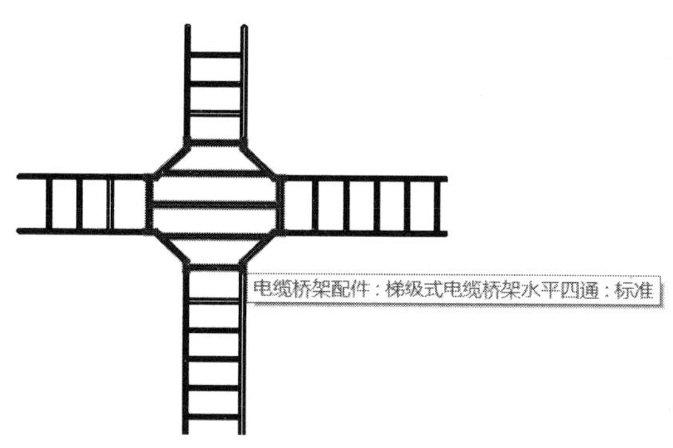

图 6-16　水平四通

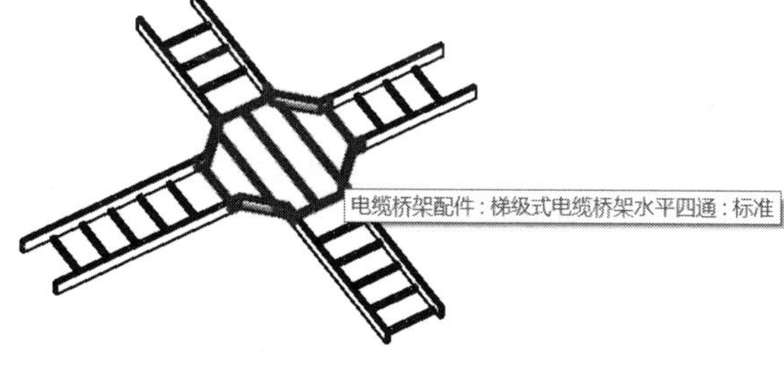

图 6-17　水平四通三维视图

图 6-18　不同高度桥架不能生成四通

3. 水平弯通的绘制

先绘制一根电缆桥架，当绘制第二根桥架时，因桥架不能有重叠部分，所以两根桥架之间的角度不应小于 90°，如图 6-19～图 6-21 所示。

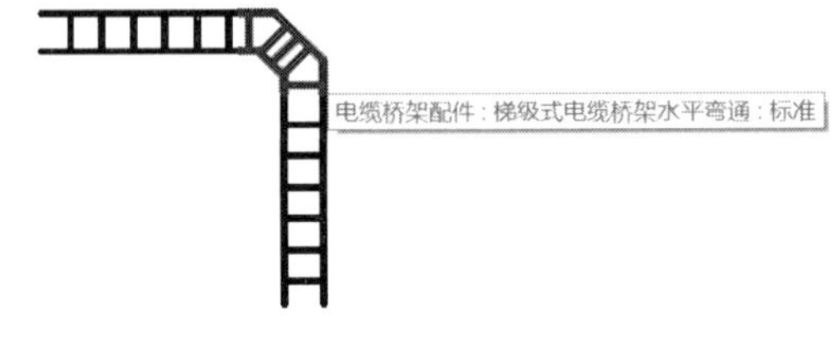

（a）90° 水平弯通

（b）大于 90° 水平弯通

图 6-19　水平弯通

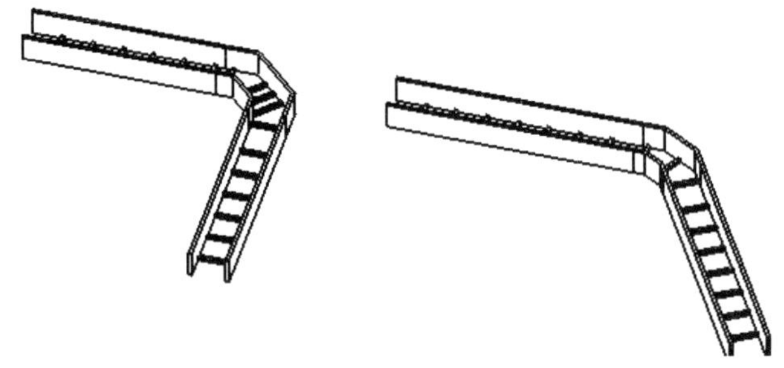

图 6-20　水平弯通三维视图

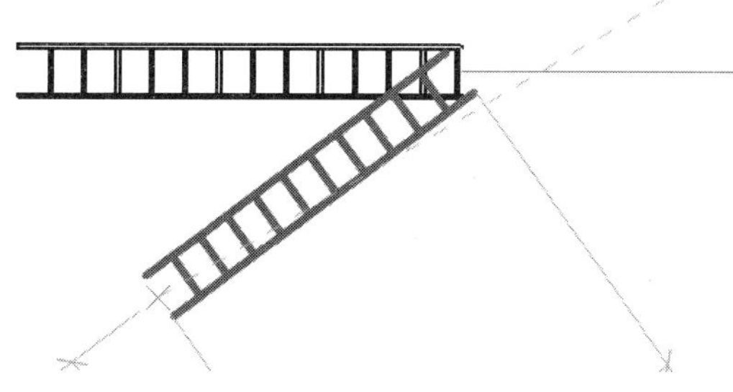

图 6-21　小于 90°无法生成弯通

6.2.3　电线管的设置

1. 参数说明

直径：指定线管管段的直径。

偏移：指定线管相对于当前标高的垂直高程。可以输入偏移值或从建议偏移值列表中选择值。

/：锁定或解锁管段的高程。锁定后，管段会始终保持原高程，不能连接处于不同高程的管段。

弯曲半径：指定线管管件的弯曲半径。

2. 线管放置选项

选择“线管”工具后，“修改 | 放置 线管”选项卡会提供下列用于放置线管的按钮。

对正：单击该按钮可打开“对正设置”对话框，在该对话框中可以指定线管的“水平对正”、“水平偏移”和“垂直对正”。

自动连接：允许在开始或结束线管管段操作时自动连接到构件上的捕捉。该按钮对于连接不同高程的管段非常有用。但是，以不同偏移绘制线管或要禁用捕捉非 MEP 图元时，请再次单击“自动连接”按钮取消自动连接，以免造成意外连接。

在放置时进行标记：用于在视图中放置线管管段时，将默认注释标记应用到线管管段。

3. 对正设置

“对正设置”对话框包含以下布局选项。

水平对正：使用电缆桥架的中心、左侧或右侧作为参照，水平对齐线管剖面的各条边。

水平偏移：指定在绘图区域中的单击位置与线管绘制位置之间的偏移。如果要在视图中距另一构件固定距离的地方放置线管，则该选项非常有用。

垂直对正：使用线管的中部、底部或顶部作为参照，垂直对齐线管剖面的各条边。

4. 添加线管配件

绘制线管时，Revit MEP 会自动添加配件。使用下列步骤可将线管配件手动添加到现有管段或管路。

单击“系统”选项卡—“电气”面板—“线管配件”按钮，从类型选择器中选择要放置的线管管件类型。在绘图区域中，单击要放置管件的线管的端点，如图 6-22 所示。

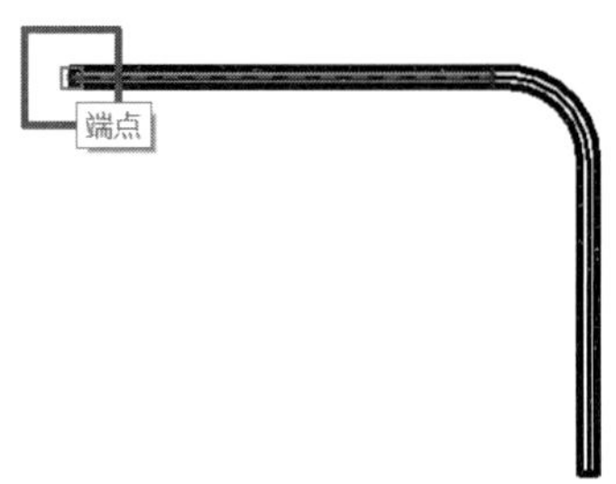

图 6-22　添加线管配件

5. 将线管连接到设备

可以将线管连接到具有连接件的电气设备和机械设备上。线管连接件可以是独立连接件，也可以是表面连接件。连接到表面连接件时，可以进入表面连接模式。在此模式下，通过将表面连接件拖动到新位置或通过指定临时尺寸标注，可以定义表面连接件的连接点。要添加其他表面连接件，必须编辑所需设备对应的族。

可以在平面视图、立面视图或三维视图中将线管连接到设备。单击“系统”选项卡—“电气”面板—“线管”按钮，从类型选择器中选择要放置的线管类型（带管件或不带管件）。在选项栏上，指定直径、偏移量或弯曲半径。在绘图区域中，绘制线管并单击要连接的设备，以高亮显示要连接到的表面。Revit MEP 将进入表面连接模式。在此模式下，可以在表面上移动连接件的位置，按原样完成连接，或取消连接。

要移动连接件，请将连接件捕捉拖动到所需位置，或者输入所需位置的临时尺寸标注。

要完成连接并退出表面连接模式，请单击“表面连接”选项卡—“表面连接”面板—“完成连接”按钮，结果如图 6-23 所示。

6. 线管标准及尺寸设置

Revit MEP 附带了一组线管标准和关联的尺寸，可以在“电气设置”对话框中添加或修改标准及与每个标准相关联的尺寸，如图 6-24 所示。

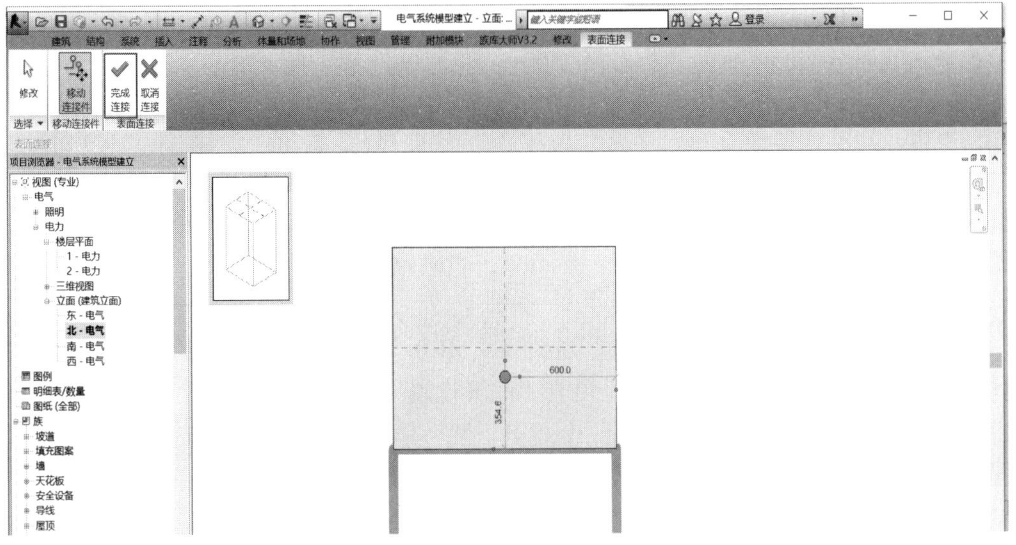

图 6-23　线管与设备连接

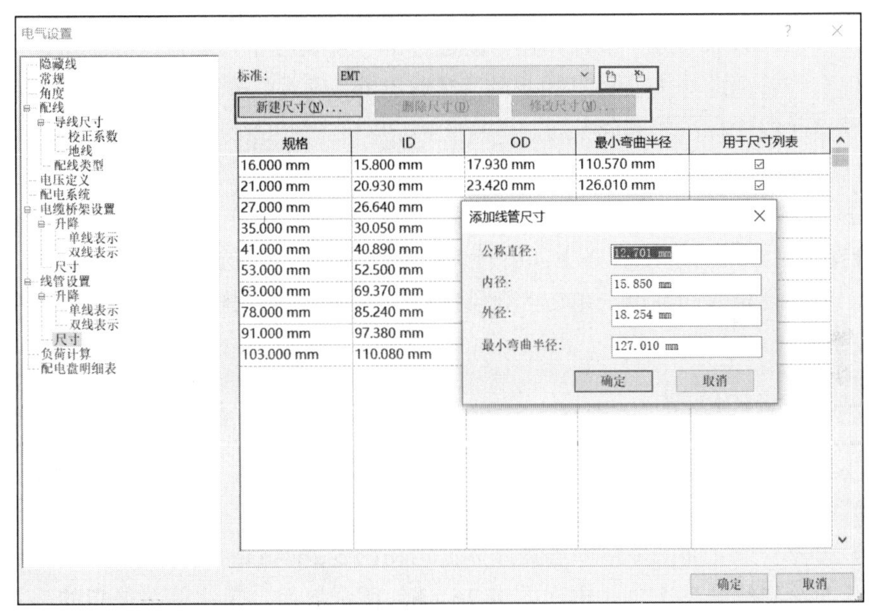

图 6-24　电气线管尺寸设置

1）添加线管尺寸

单击“管理”选项卡—“设置”面板—“MEP 设置”—“电气设置”按钮，在“电气设置”对话框的左侧窗格中，展开“线管设置”，然后选择“尺寸”选项。在右侧窗格中，选择一个标准，然后单击“新建尺寸”按钮。在“添加线管尺寸”对话框中输入新尺寸的值，然后单击“确定”按钮。

2）修改线管尺寸

单击“管理”选项卡—“设置”面板—“MEP 设置”—“电气设置”按钮，在“电气设置”对话框的左侧窗格中，展开“线管设置”，然后选择“尺寸”选项。在右侧窗格中选择一个标准。在表中选择一个规格，然后单击“修改尺寸”按钮。在“修改线管尺寸”对话框中，输入尺寸的值，然后单击“确定”按钮。

3）删除线管尺寸

单击“管理”选项卡—“设置”面板—“MEP 设置”—“电气设置”按钮，在“电气设置”对话框的左侧窗格中，展开“线管设置”，然后选择“尺寸”选项。在右侧窗格中选择一个标准。在表中选择一个规格，然后单击“删除尺寸”按钮。在“电气设置-删除设置”对话框中，单击“是”按钮。

4）添加线管标准

单击“管理”选项卡—“设置”面板—“MEP 设置”—“电气设置”按钮，在“电气设置”对话框的左侧窗格中，展开“线管设置”，然后选择“尺寸”选项。在右侧窗格中，单击“添加标准”按钮。在“新建标准”对话框中，输入线管标准的名称，选择一个现有线管标准作为新标准的基础，然后单击“确定”按钮。利用上面的操作步骤，根据需要修改线管标准的线管尺寸。

5）删除线管标准

单击“管理”选项卡—“设置”面板—“MEP 设置”—“电气设置”按钮，在“电气设置”对话框的左侧窗格中，展开“线管设置”，然后选择“尺寸”选项。在右侧窗格中，选择要删除的标准。单击“删除标准”按钮。在“删除设置”对话框中，单击“是”按钮。

6.2.4 电线管的绘制

绘制线管的步骤如下。

（1）在平面图中插入变压器，如图 6-25 所示。

（2）选择一个立面，本例中选择北立面。在图 6-26（a）中箭头所示的圆点上右击，选择“从面绘制线管”选项，出现图 6-26（b）所示界面。单击箭头所指的小圆点，移动到任意一个位置。完成之后［图 6-26（c）］，选择“表面连接”—“完成连接”选项，出现图 6-26（d）所示界面，绘制一根线管，按 Esc 键退出。重复此步骤绘制几根线管。其三维视图的样式如图 6-26（e）所示。

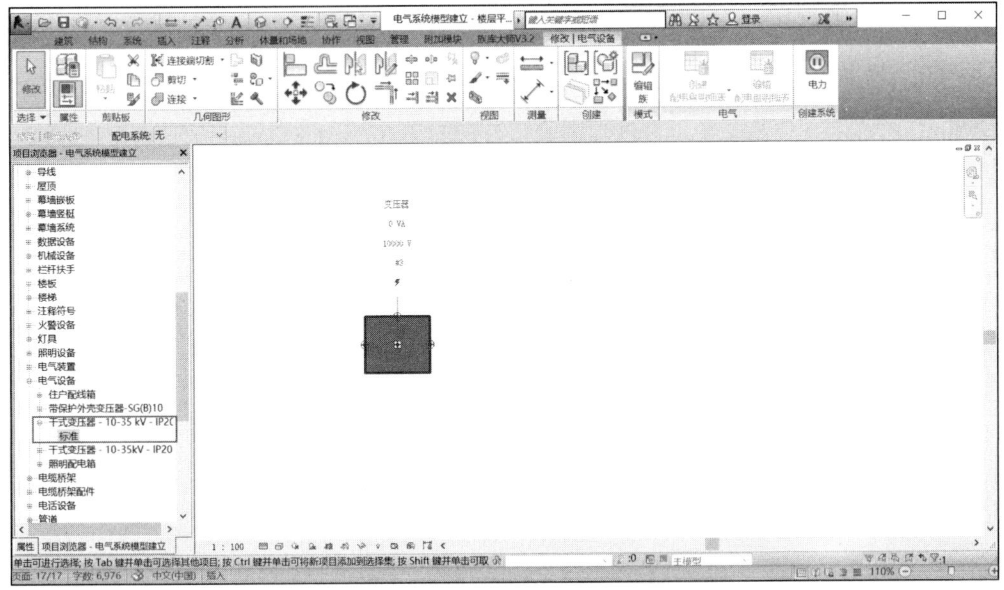

图 6-25　插入变压器

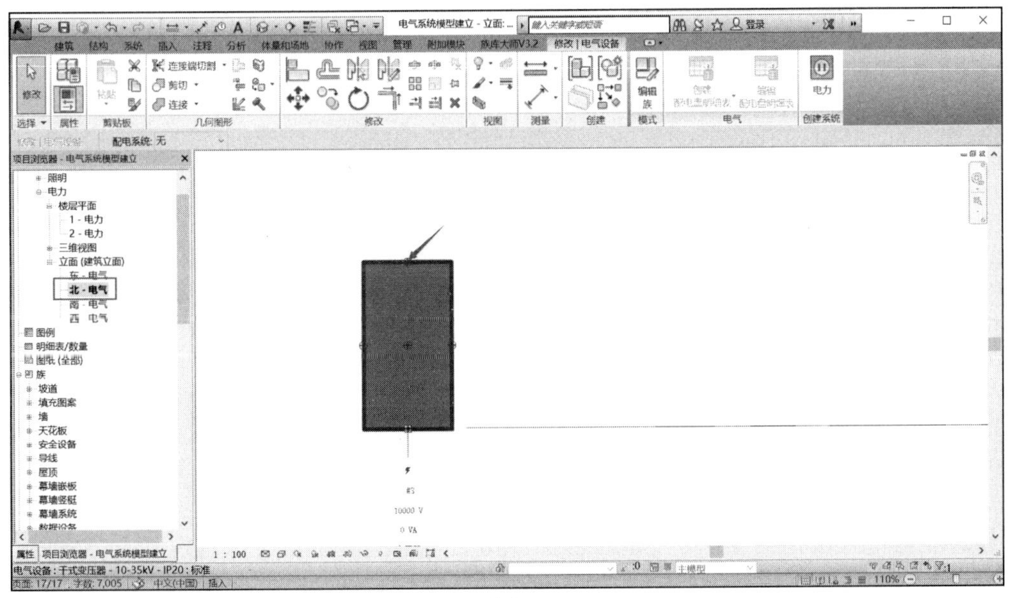

（a）

图 6-26　线管的绘制

电气系统模型建立 - 立面: 北 -
建筑 结构 系统 插入 注释 分析 体量和场地 协作 视图 管理 附加模块 族库大师V3.2 修改 表面连接
修改
移动连接件
完成连接
取消连接
选择
移动连接件
表面连接
项目浏览器 - 电气系统模型建立
照明
电力
楼层平面
1 - 电力
2 - 电力
三维视图
立面 (建筑立面)
东 - 电气
北 - 电气
南 - 电气
西 - 电气
图例
明细表/数量
图纸 (全部)
族
坡道
填充图案
墙
天花板
安全设备
导线
屋顶
幕墙嵌板
幕墙竖梃
幕墙系统
数据设备
机械设备
600.0
500.0
1 : 100
属性
项目浏览器 - 电气系统模型建立
拖曳到新位置

（b）

电气系统模型建立 - 立面: 北 -
建筑 结构 系统 插入 注释 分析 体量和场地 协作 视图 管理 附加模块 族库大师V3.2 修改 表面连接
修改
移动连接件
完成连接
取消连接
选择
移动连接件
表面连接
项目浏览器 - 电气系统模型建立
照明
电力
楼层平面
1 - 电力
2 - 电力
三维视图
立面 (建筑立面)
东 - 电气
北 - 电气
南 - 电气
西 - 电气
图例
明细表/数量
图纸 (全部)
族
坡道
填充图案
墙
天花板
安全设备
导线
屋顶
幕墙嵌板
幕墙竖梃
幕墙系统
数据设备
机械设备
600.0
661.5
1 : 100
属性
项目浏览器 - 电气系统模型建立
拖曳到新位置

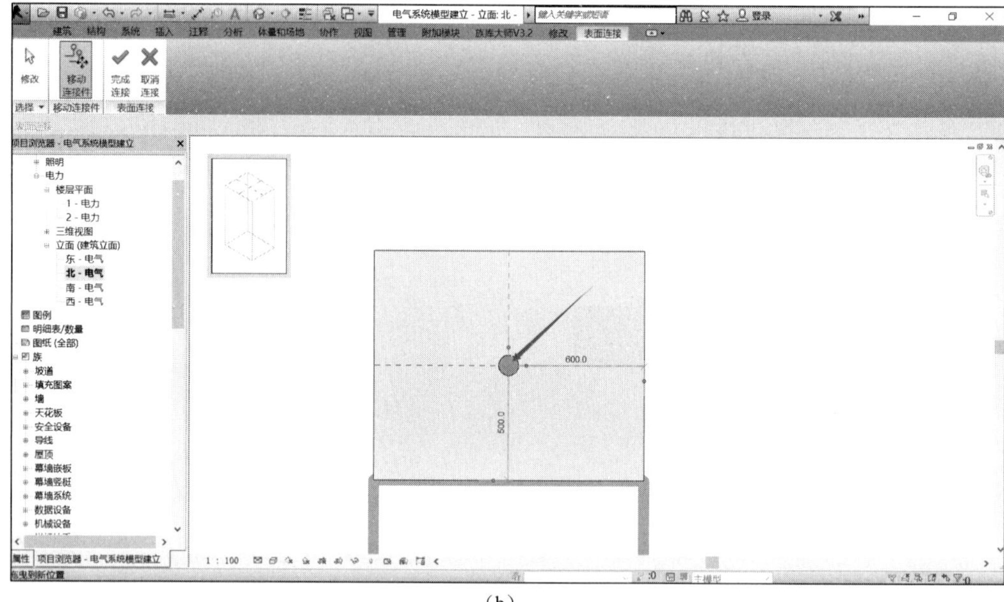

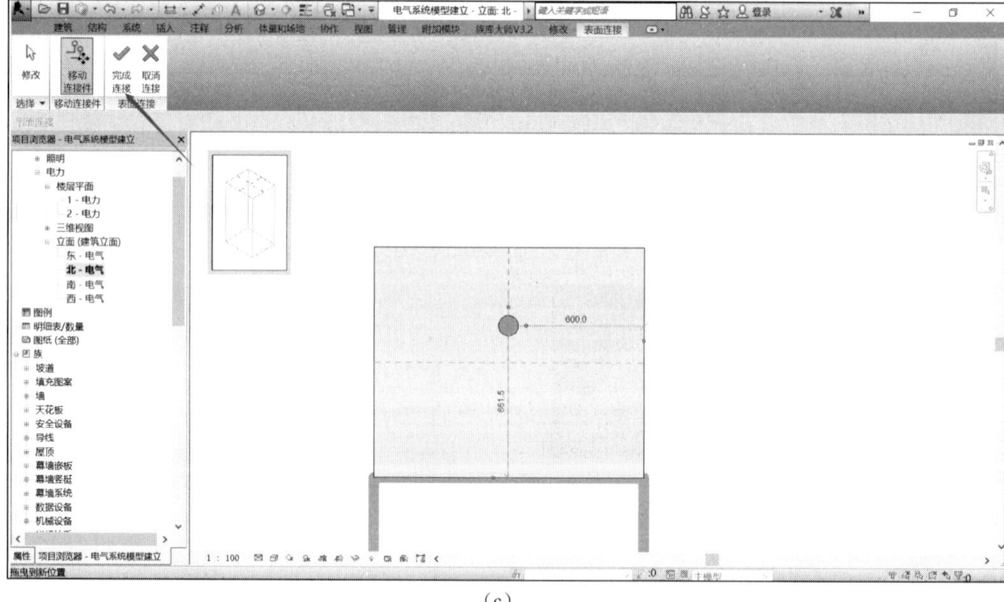

（c）

图 6-26（续）

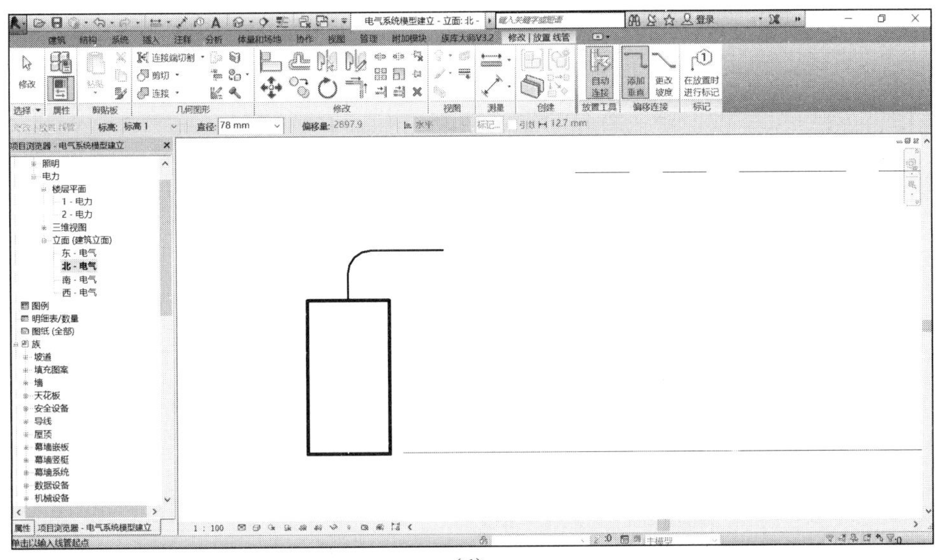

（d）

（e）

图 6-26（续）

6.2.5　配电箱的绘制

配电箱一般是嵌在靠近门的墙里。绘制配电箱的步骤如下：

在项目浏览器中选择“族”—“电气设备”—“照明配电箱”中的一个型号，如“LB101”，右击，选择“创建实例”选项，放置在垂直平面上，所以我们应该在墙里绘制配电箱，如图 6-27 所示，放置在门口附近的位置。配电箱如图 6-28 所示。

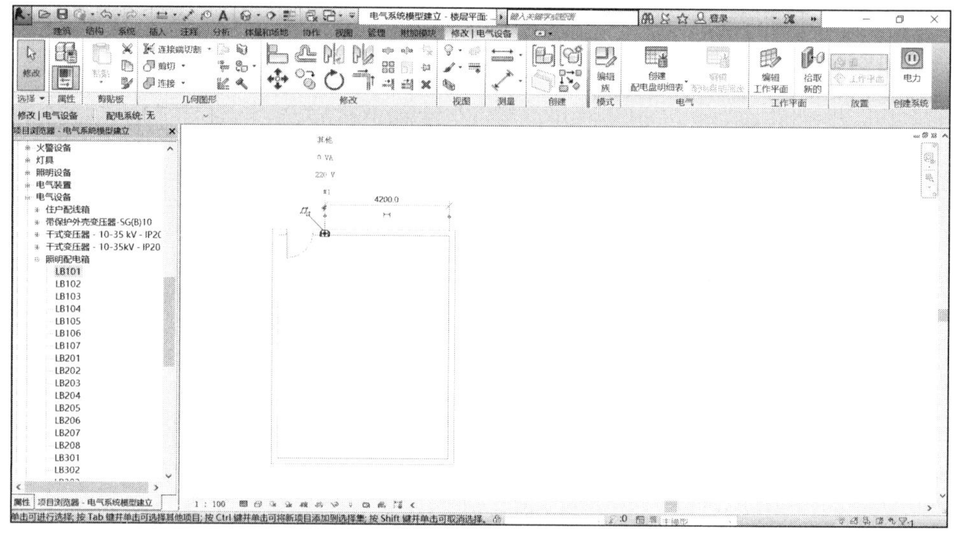

图 6-27　绘制配电箱

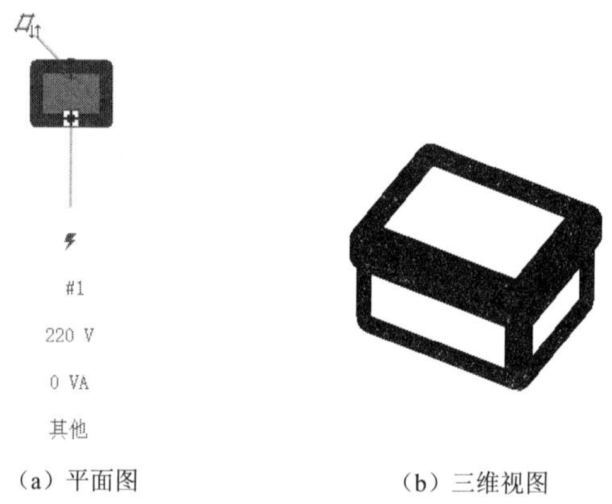

（a）平面图　　（b）三维视图

图 6-28　配电箱

6.2.6　用电器具的绘制

1. 壁灯的绘制

视图选择“1-照明”平面，选择“系统”选项卡—“电气”面板—“照明设备”选项，在左面的“属性”面板中会出现照明设备的种类，选择默认的类型，在房间内进行布置，如图 6-29 所示。

2. 插座的绘制

视图选择“1-照明”平面，选择“系统”选项卡—“电气”面板—“设备”—“电气装置”选项，使用默认的插座类型，在房间内进行布置，如图 6-30 所示。

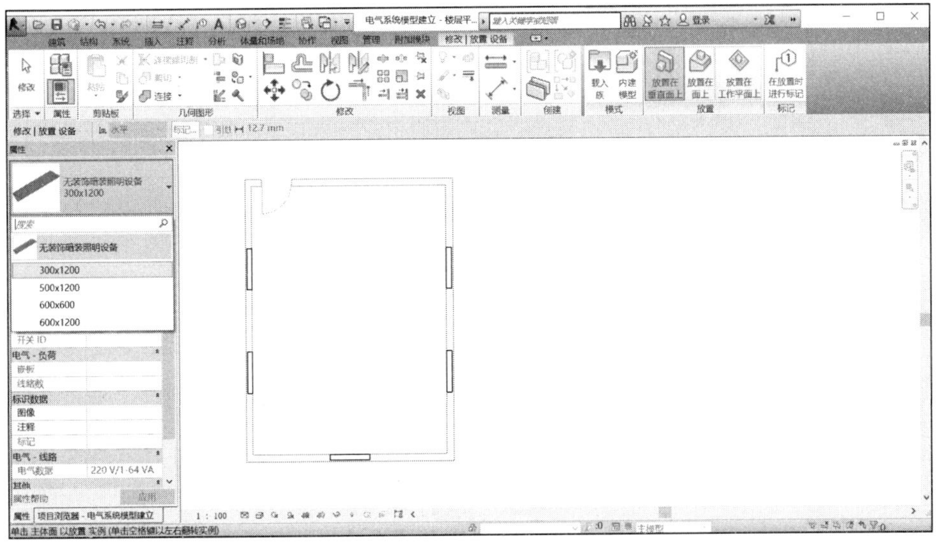

图 6-29　绘制壁灯

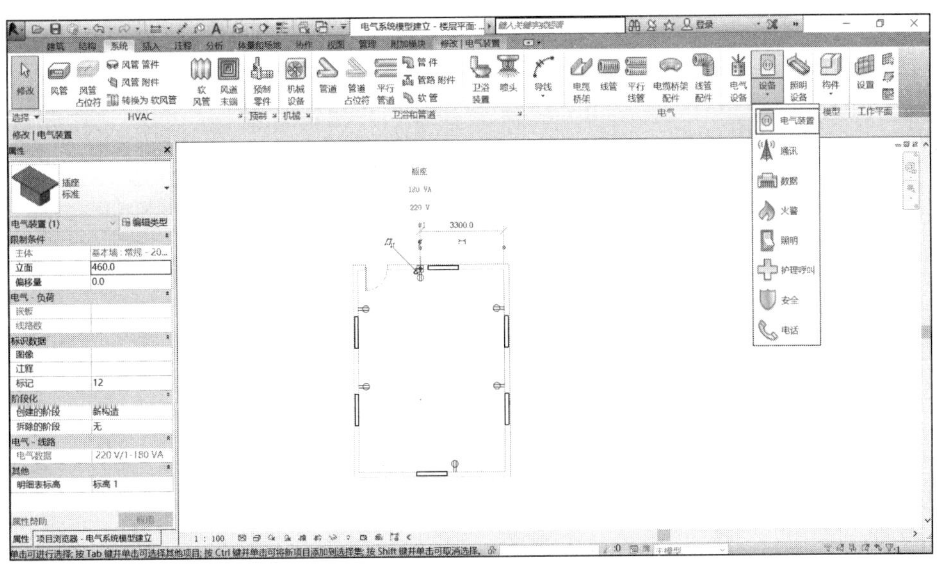

图 6-30　绘制插座

3. 开关的绘制

视图选择“1-照明”平面，选择“系统”选项卡—“电气”面板—“设备”—“照明”选项，开关类型选择“单极”，在壁灯附近进行布置，如图 6-31 所示。

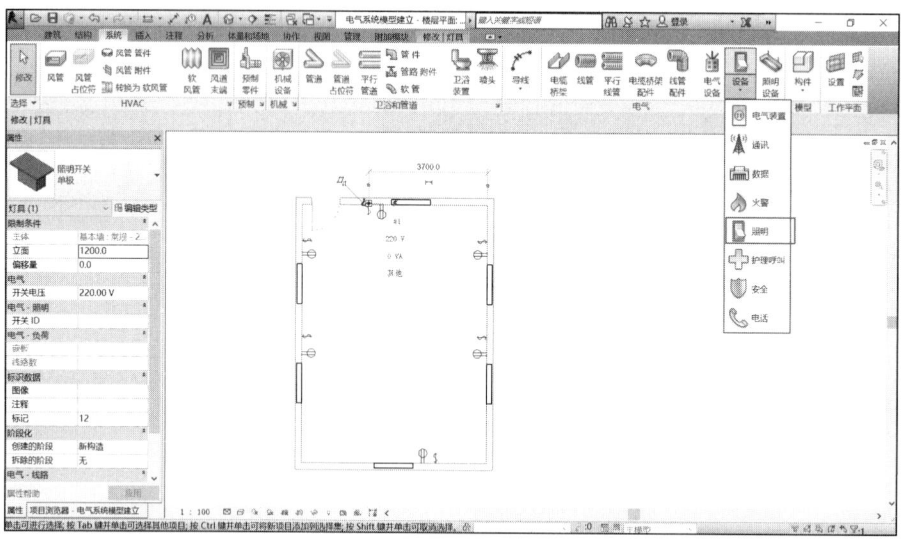

图 6-31　绘制开关

4. 放置在天花板上的设备

首先要画出天花板，才能在天花板上布置设备，选择视图平面为“1-天花板电气”平面，选择“建筑”选项卡—“构建”面板—“天花板”选项，天花板类型为默认，将鼠标指针放在房间内部后，会显示红色边框，如图 6-32（a）所示。在房间内部单击，就出现图 6-32（b）所示的天花板。

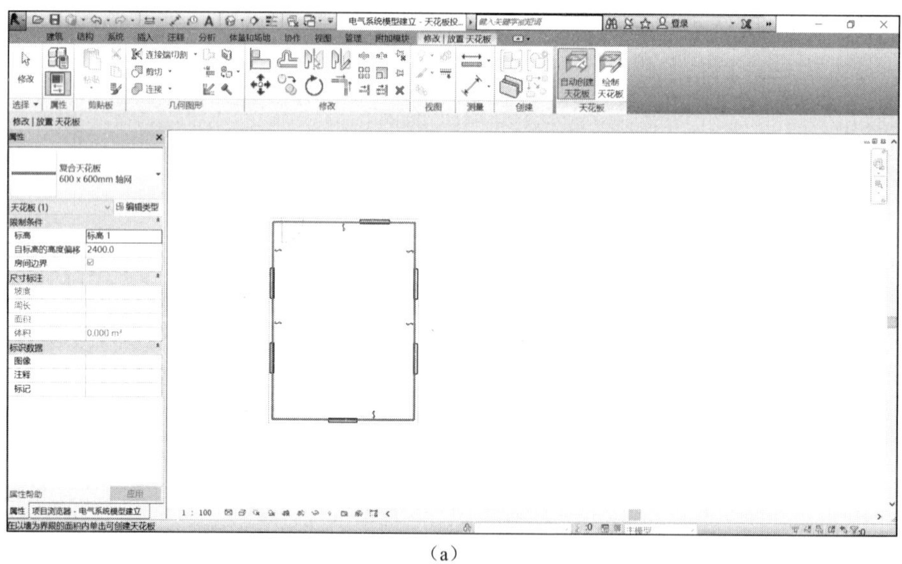

（a）

图 6-32　天花板显示

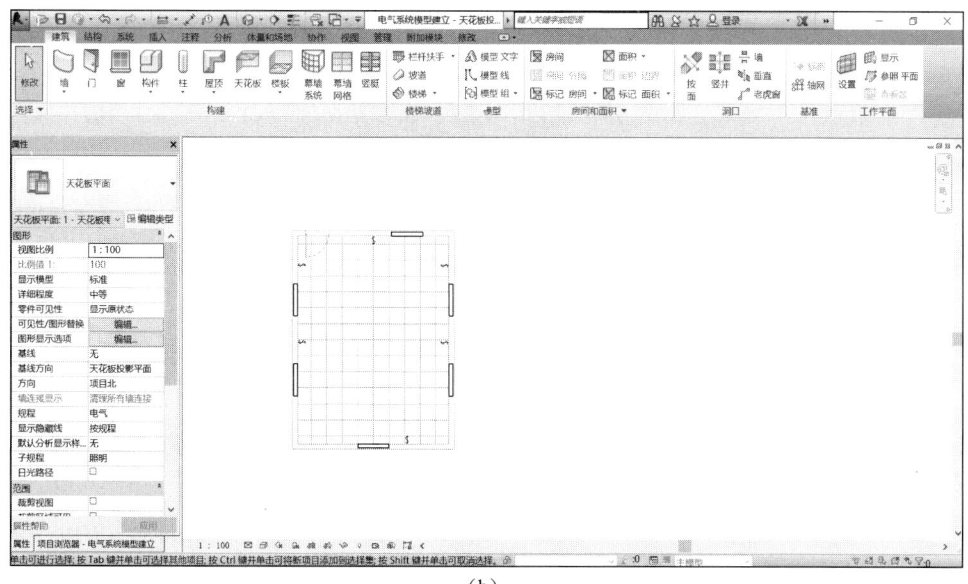

（b）

图 6-32（续）

选择“系统”选项卡—“电气”面板—“设备”—“火警”选项，选择默认的类型——光电感烟探测器，在天花板平面上进行布置，布置时选择放置位置为“放置在面上”，如图 6-33 所示，三维视图如图 6-34 所示。

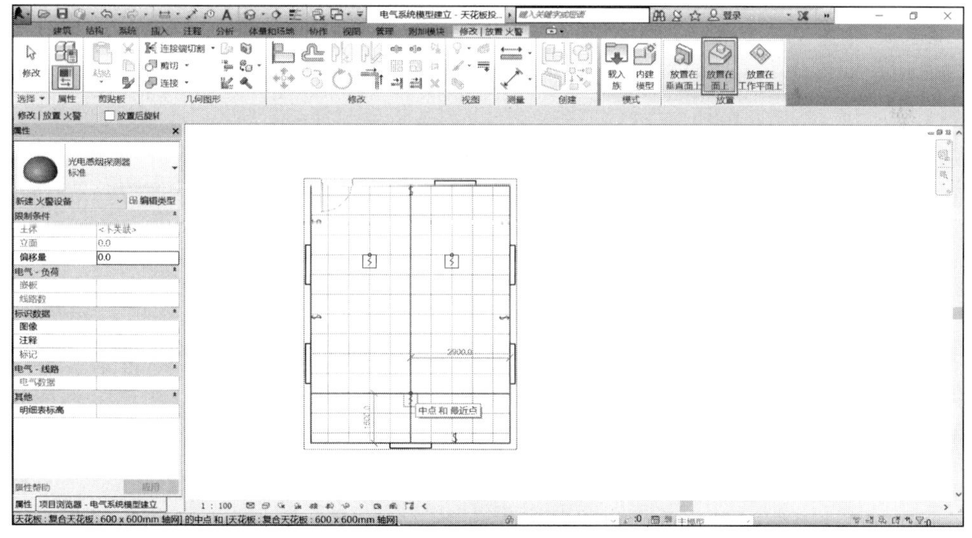

图 6-33　天花板上布置光电感烟探测器

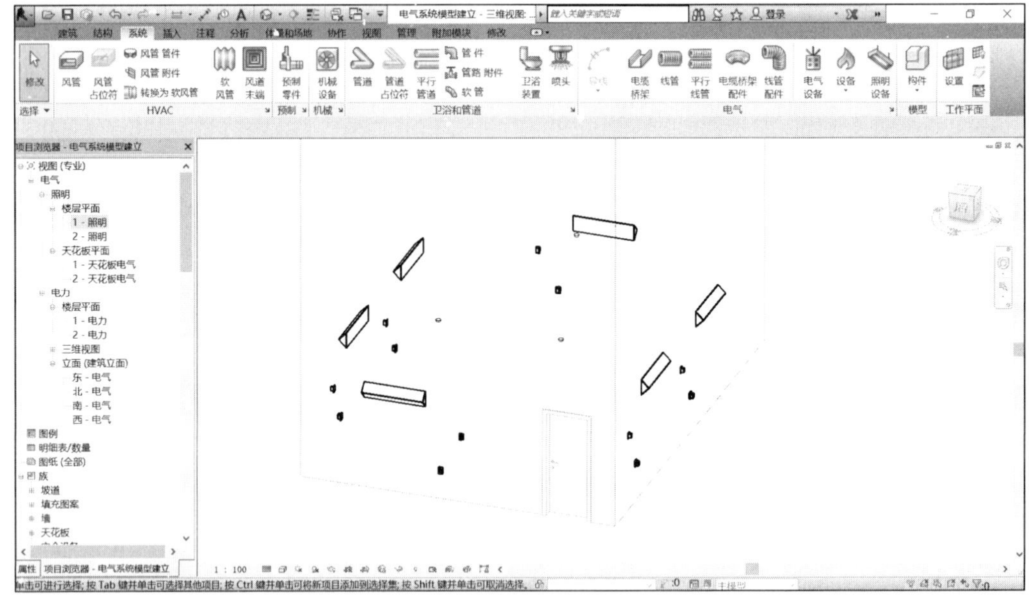

图 6-34　用电器具三维视图

6.2.7　导线的自动生成

导线的自动生成基于配电箱和用电设备的连接，在 6.2.5 节与 6.2.6 节中，我们已经学习了配电箱和用电设备的绘制，本节将学习配电箱和用电设备间导线的自动生成。

首先，选择“1-照明”视图平面。选中配电箱，在它的选项栏上找到配电系统的参数。配电系统本身跟电压是匹配的。本例中的配电箱电压为 220V，所以配电系统中的参数也为 220V，如图 6-35 所示。

图 6-35　设置配电系统参数

接下来，就可以进行自动生成导线。

（1）选中需要生成导线的用电设备——壁灯，然后选择“修改 | 照明设备”选项卡—“创建系统”面板—“电力”选项创建线路，界面如图 6-36 所示。单击之后出现一个虚线框，如图 6-37 所示框住了我们所选的需要生成导线的设备。

（2）现在已具备生成导线的系统，我们需要选择一个供电的配电盘。选择“系统工具”面板—“选择配电盘”选项，用鼠标指针拾取配电盘，单击之后就可以看见指向配电盘的连接，如图 6-38（a）所示。然后选择导线的形式，本例中选择带倒角导线。设置好的壁灯导线，如图 6-38（b）所示。在国内的规定中，导线上的记号是不显示的，所以可以选择“管理”选项卡—“设置丨面板”—“MEP 设置”—“电气设置”选项，在打开的“电气设置”对话框中找到配线，“显示记号”选择“从不”，如图 6-38（c）和（d）所示。并且导线的箭头需要指到配电箱，单击导线，选中图 6-38（e）中箭头所指的地方，使导线箭头指到配电箱的位置。

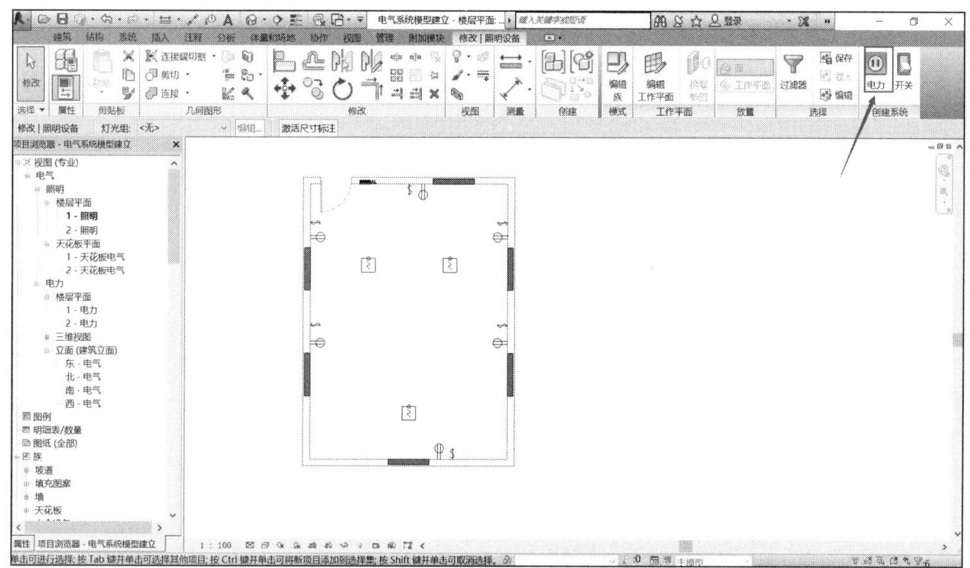

图 6-36　创建电力系统

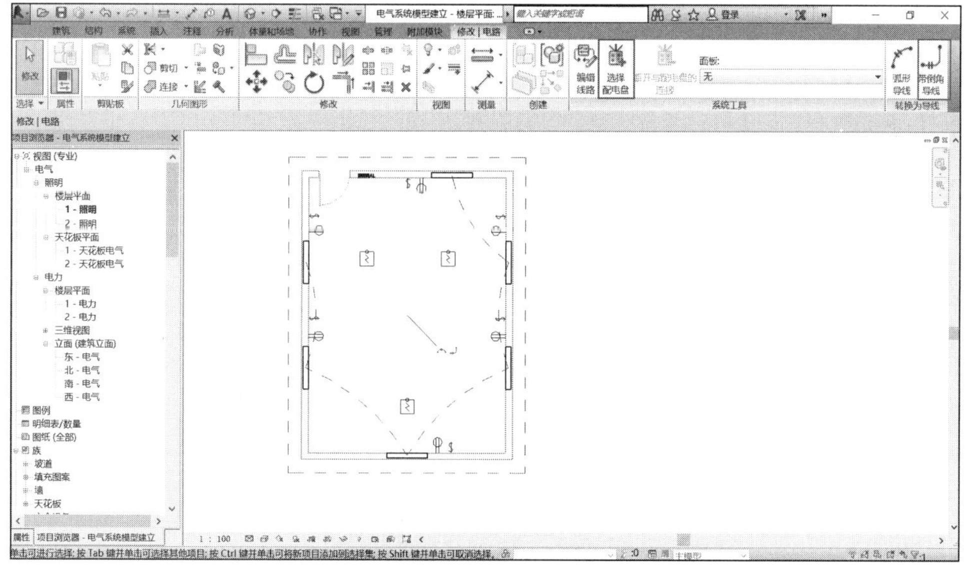

图 6-37　显示虚线框

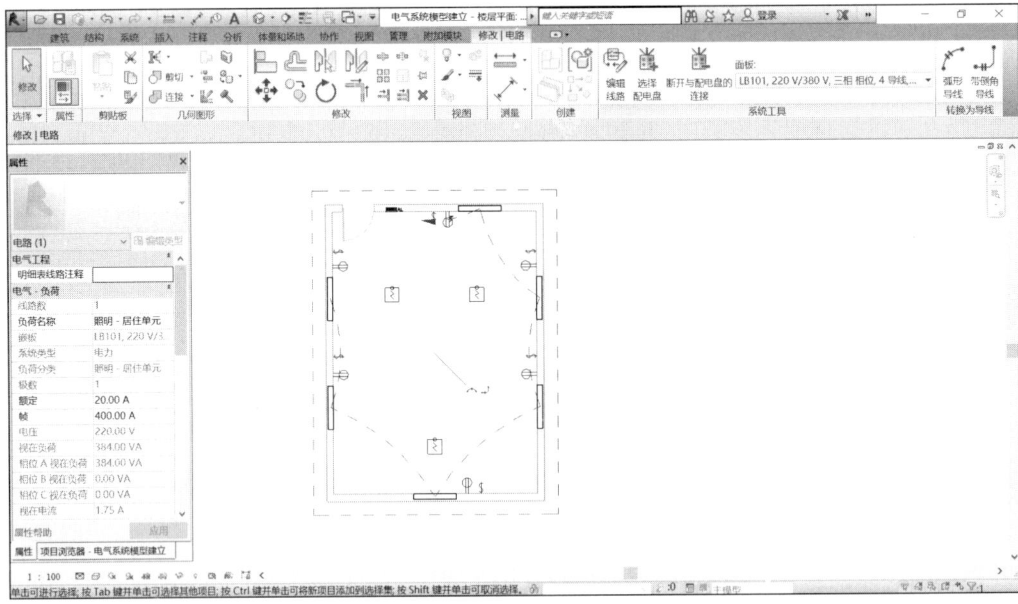

（a）

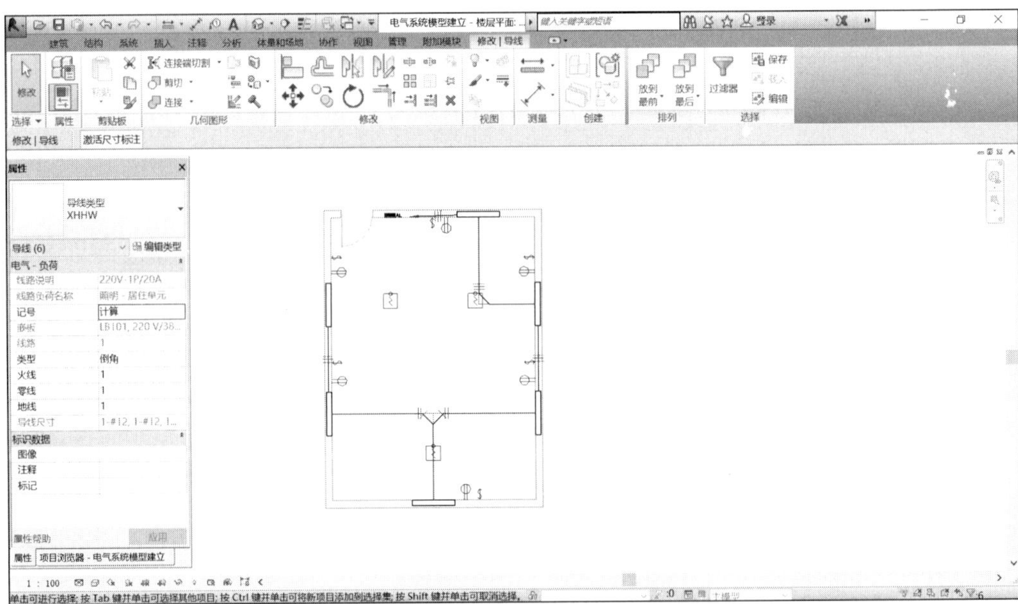

（b）

图 6-38　自动生成壁灯导线

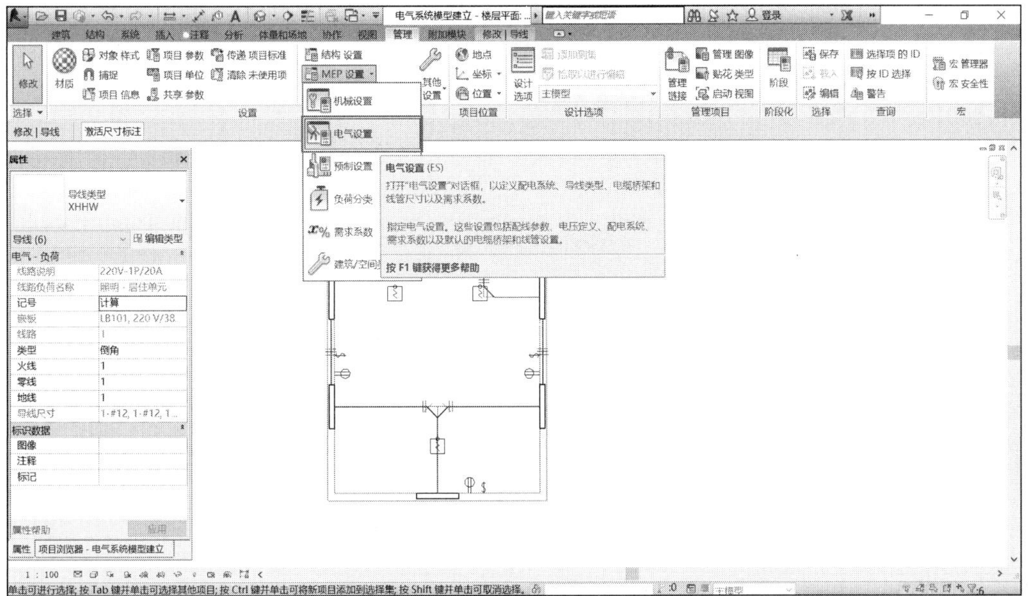

（c）

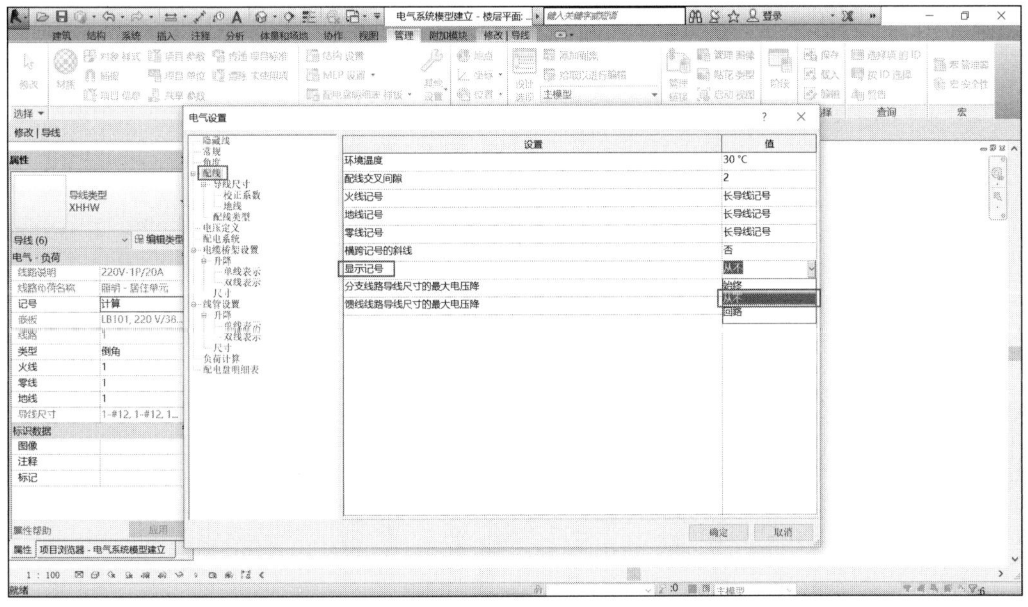

（d）

图 6-38（续）

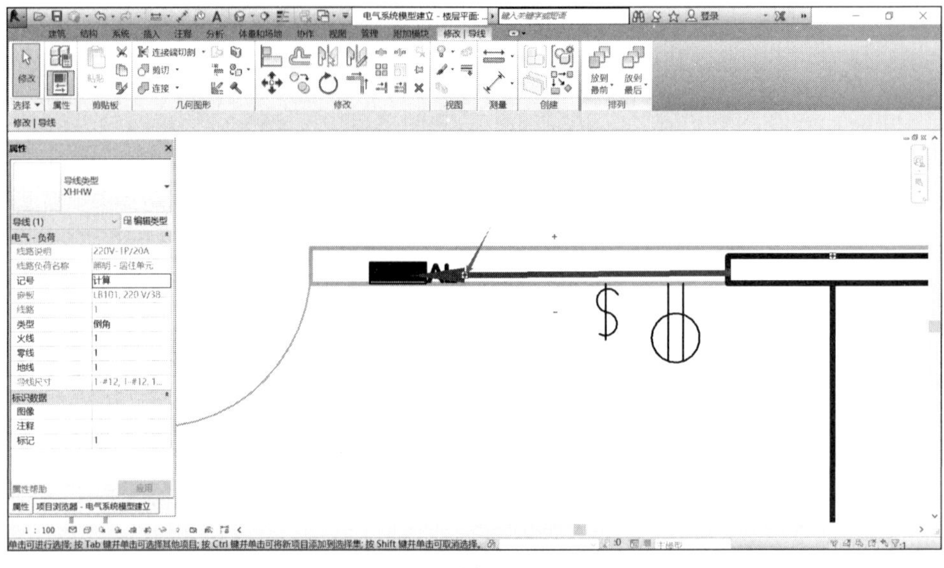

（e）

图 6-38（续）

（3）连接插座与配电箱，步骤同第（2）步。先选中需要连接的插座，选择“修改 | 电气装置”选项卡—“创建系统”面板—“电力”选项，如图 6-39（a）所示。然后选择弧形导线，如图 6-39（b）所示，插座与配电箱之间的导线连接就设置好了，可以拖动导线的拐点修改导线的形状，如图 6-39（c）所示。

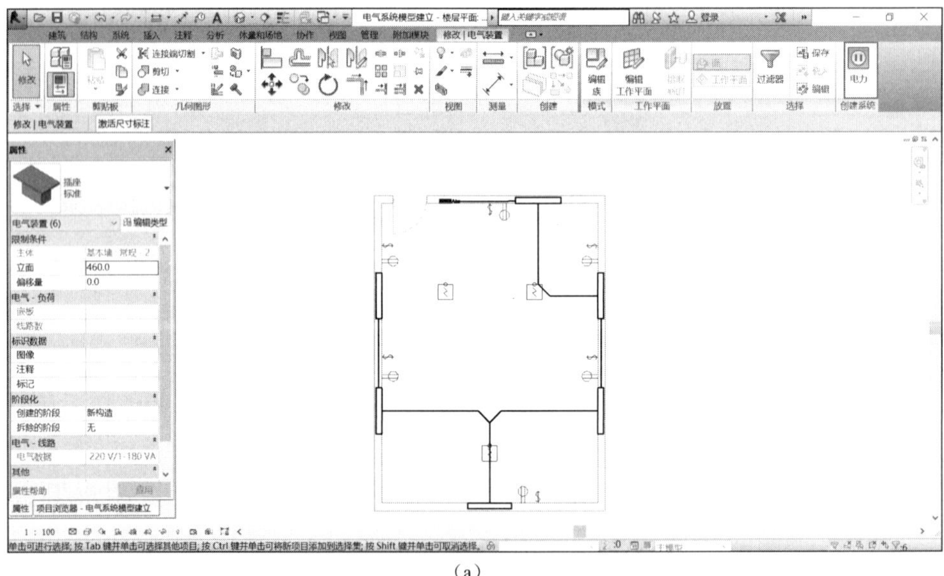

（a）

图 6-39　自动生成插座导线

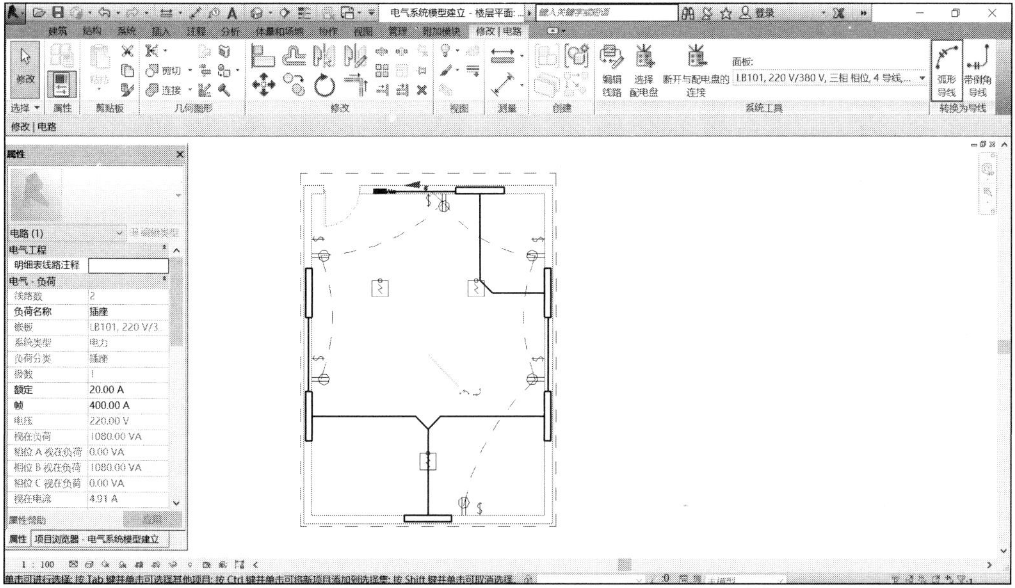

（b）

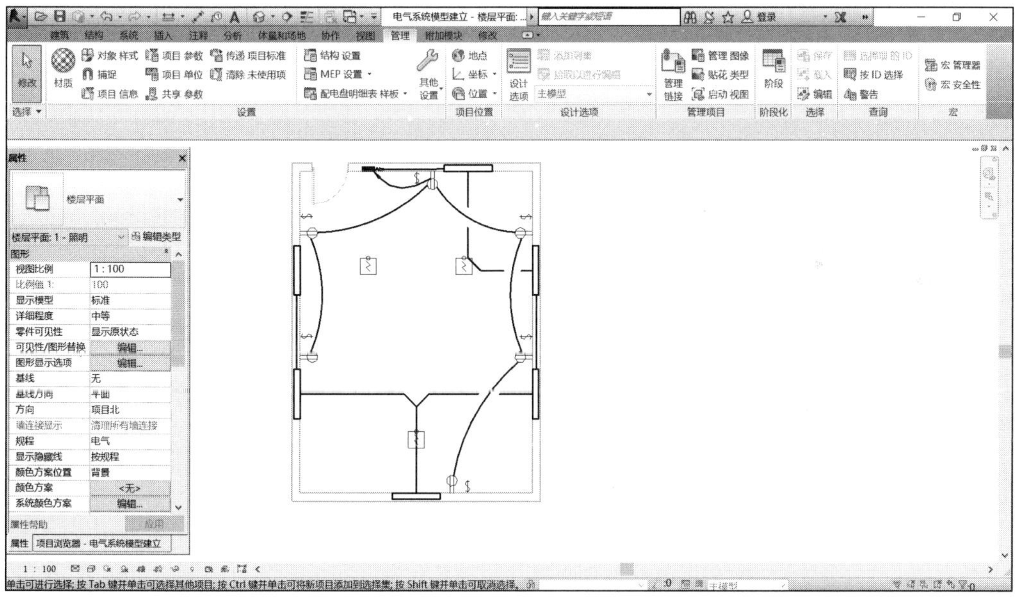

（c）

图 6-39（续）

本 章 小 结

本章介绍了 Revit MEP 中电气模型系统的建立，以及电缆桥架、电线管、配电箱等设备的绘制。在操作时需要基于实际要求来操作，必要时需要载入族来绘制。学完本章，应能够掌握电气模型方面设备的绘制及布置。注意在选择项目样板时，要根据本专业所需的功能来选择。

第7章 管线综合碰撞检查

7.1 碰撞检查简介

碰撞检查是BIM技术应用初期易实现、直观、易产生价值的功能之一。当建立BIM模型之后，通过运行碰撞检查，不仅可以解决错综复杂的管道之间碰撞的问题，深化管道综合设计，还能通过检查与不同专业模型之间的碰撞，提前预留孔洞，并指导施工。

7.2 碰撞检查方法

7.2.1 项目内图元之间碰撞检查

选择“协作”选项卡—“坐标”面板—“碰撞检查”—“运行碰撞检查”选项，如图7-1所示。

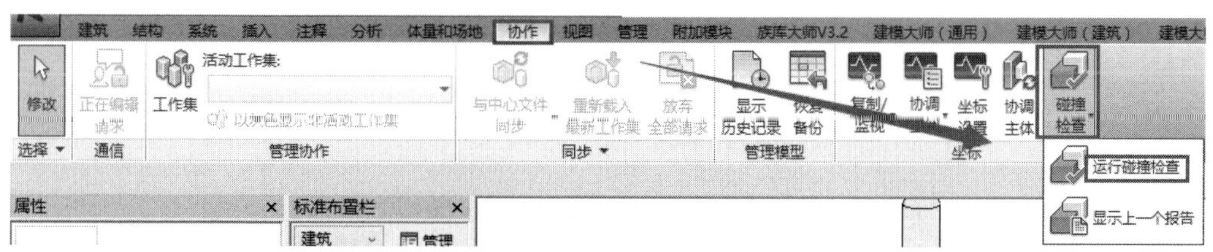

图7-1 “碰撞检查”—“运行碰撞检查”选项

在打开的“碰撞检查”对话框中的左右两侧的“类别来自”下拉菜单中选择所需进行碰撞检查的系统，此时选择相同的系统，即进行项目内图元之间的碰撞检查。本例中选用消防管道系统进行碰撞检查，如图7-2所示。并将所需检查的构件全部选中，可以使用“全选”、“全部不选”和“反选”这三个按钮快速进行选择。

图 7-2　碰撞检查设置

选择完成后单击“确定”按钮，进行项目内图元之间的碰撞检查。打开“冲突报告”对话框，如图 7-3 所示，此时可单击“显示”按钮以查找碰撞的位置，也可单击“导出”按钮将冲突报告导出。

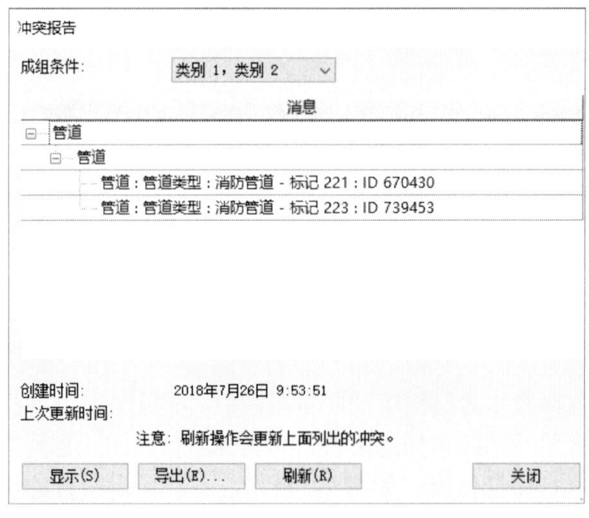

图 7-3　项目内图元间碰撞检查结果显示

7.2.2　项目内图元与链接模型图元之间碰撞检查

首先打开绘制好的文件名为“给排水管道系统.rvt”的模型，然后选择“插入”选项卡—“链接”面板—“链接 Revit”选项，在打开的“导入/链接 RVT”对话框中选择“暖通管道系统.rvt”并单击“打开”按钮，如图 7-4 所示，完成模型的链接，链接效果如图 7-5 所示。

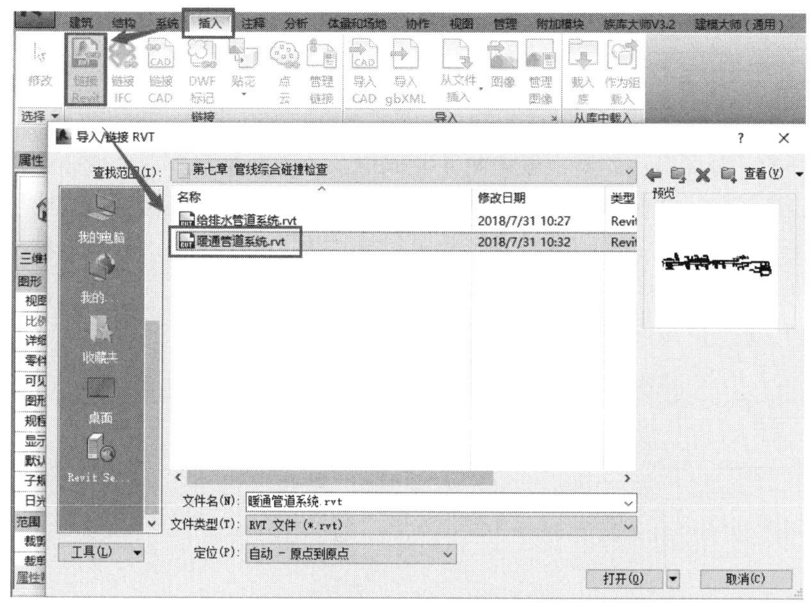

图 7-4　插入链接文件

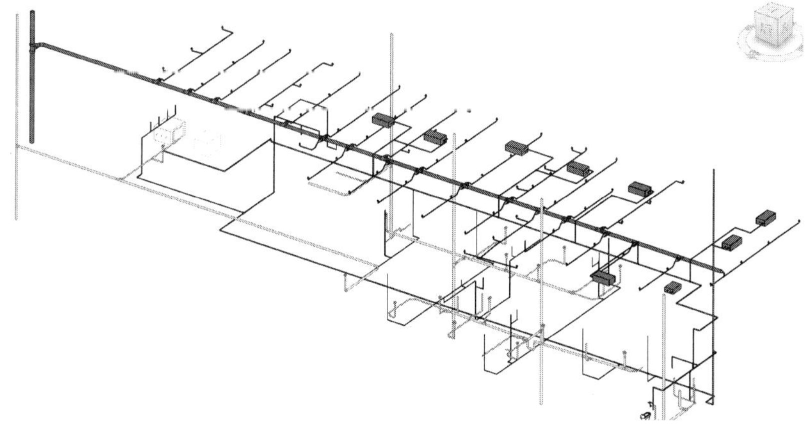

图 7-5　链接文件插入后的三维效果

选择“协作”选项卡—“坐标”面板—“碰撞检查”—“运行碰撞检查”选项，如图 7-6 所示。

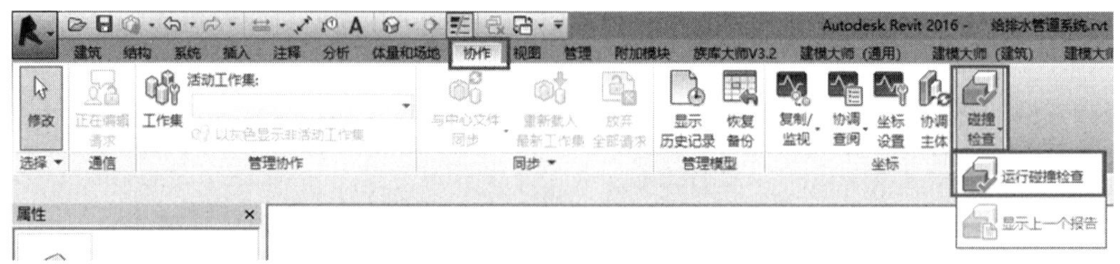

图 7-6 运行碰撞检查界面

在打开的“碰撞检查”对话框中的左右两侧的“类别来自”下拉列表中选择所需进行碰撞检查的系统，此时分别选择“当前项目”与“暖通管道系统.rvt”，即进行项目内图元与链接模型图元之间的碰撞检查。本例中对某建筑二层给排水管道系统与暖通管道系统进行碰撞检查，如图 7-7 所示。将所需检查的构件全部选中，可以使用“全选”、“全部不选”和“反选”这三个按钮快速进行选择。

图 7-7 不同系统碰撞检查设置

选择完成后单击“确定”按钮，进行项目内图元与链接模型图元之间的碰撞检查。打开“冲突报告”对话框，如图 7-8 所示，此时可单击“显示”按钮以查找碰撞的位置，也可单击“导出”按钮将冲突报告导出。

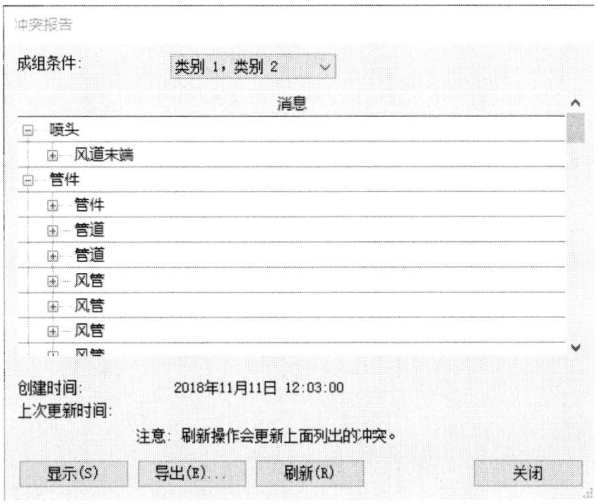

冲突报告

成组条件：类别 1，类别 2

消息

⊟ 喷头
⊞ 风道末端
⊟ 管件
⊞ 管件
⊞ 管道
⊞ 管道
⊞ 风管
⊞ 风管
⊞ 风管

创建时间：2018年11月11日 12:03:00

上次更新时间：

注意：刷新操作会更新上面列出的冲突。

显示(S)　导出(E)...　刷新(R)　关闭

图 7-8　碰撞检查“冲突报告”对话框

7.3　查找碰撞位置

在进行碰撞检查后，打开“冲突报告”对话框，先选择需要显示的碰撞对象，再单击“显示”按钮，此时将会自动放大视图，并高亮显示所选择的构件，使用户能快速准确地找到碰撞位置，如图 7-9 所示。

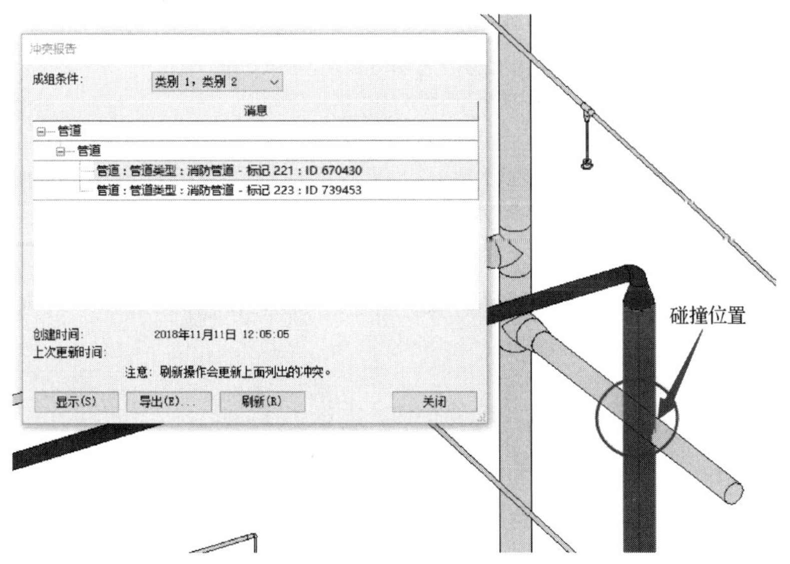

图 7-9　在三维视图中显示碰撞位置

此时再次单击“显示”按钮，会切换到其他视图中显示碰撞位置。当前所打开的视图都显示之后，会打开如图 7-10 所示对话框。单击“确定”按钮后，会打开其他视图并逐一显示碰撞位置。立面图中的显示效果，如图 7-11 所示。

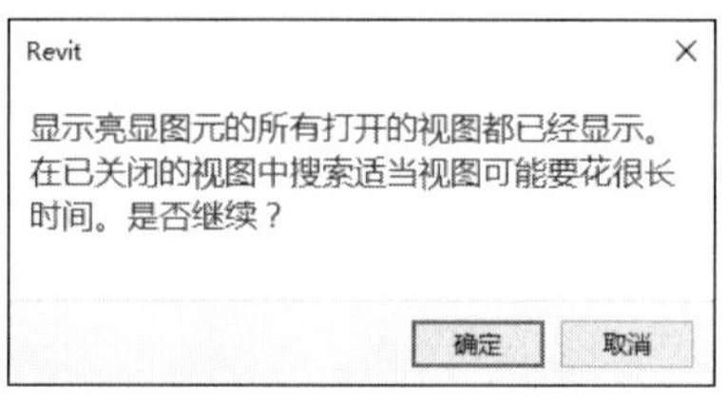

图 7-10　碰撞显示对话框

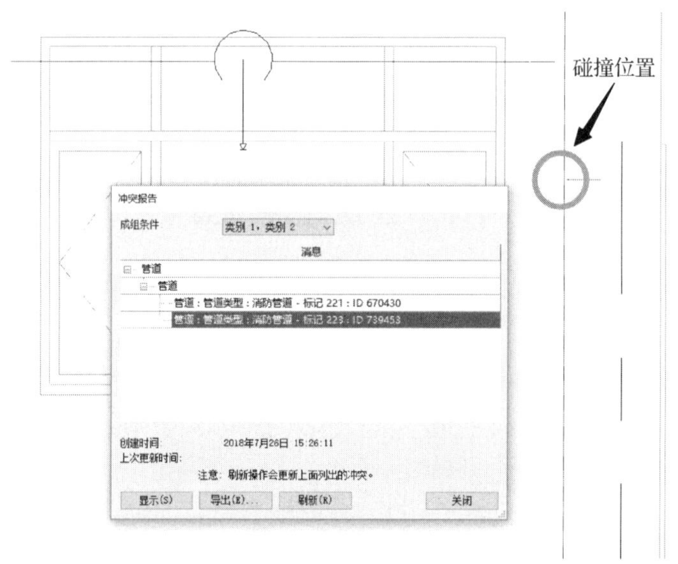

图 7-11　碰撞位置显示

确定发生碰撞的位置后，可在平面视图中找到碰撞点，选择“注释”选项卡—“详图”面板—“云线批注”选项，如图 7-12 所示，使用云线标注错误的地方，标注效果如图 7-13 所示。

图 7-12　云线批注

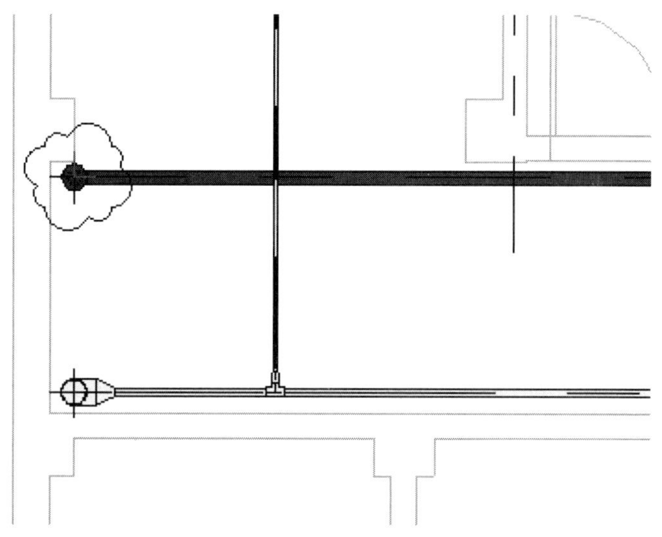

图 7-13　云线标注碰撞位置效果

7.4　碰撞设计优化原则及技巧

（1）自上而下的顺序一般为电→水、电。

（2）管线发生冲突需要调整时，以不增加工程量为原则。

（3）对已有一次结构预留孔洞的管线，应尽量减少位置的移动。

（4）与设备连接的管线，应减少位置的水平及标高位移。

（5）布置时考虑预留检修及二次施工的空间，尽量将管线提高，与吊顶间留出尽量多的空间。

（6）在保证满足设计和使用要求的前提下，管道、管线应尽量暗装于管道井内、电井内、管廊内、吊顶内。

（7）要求明装的管线尽可能沿墙、梁、柱的走向敷设，最好是成排、分层敷设布置。

7.5　冲突检查报告的导出

在进行碰撞检查后，打开“冲突报告”对话框，此时单击“导出”按钮可将冲突报告导出为.html 格式的 Revit MEP 冲突报告。例如，之前的消防系统内图元之间检查的碰撞检查报告导出之后如图 7-14 所示。

冲突报告

冲突报告项目文件: C:\Users\
创建时间: 2018年7月31日 10:50:13
上次更新时间:

	A	B
1	管道 : 管道类型 : 自喷系统管道 - 标记 472 : ID 751591	暖通管道系统.rvt : 风管 : 矩形风管 : 空调新风 - 标记 60 : ID 340227
2	管件 : 弯头 - 常规 : 标准 - 标记 457 : ID 751604	暖通管道系统.rvt : 风管 : 矩形风管 : 空调新风 - 标记 60 : ID 340227
3	管道 : 管道类型 : 自喷系统管道 - 标记 512 : ID 752464	暖通管道系统.rvt : 风管 : 矩形风管 : 空调新风 - 标记 60 : ID 340227
4	管件 : 顺水三通 - PVC - Sch 40 - DWV : 标准 - 标记 420 : ID 750871	暖通管道系统.rvt : 风管 : 矩形风管 : 空调新风 - 标记 62 : ID 340299
5	管件 : 顺水三通 - PVC - Sch 40 - DWV : 标准 - 标记 427 : ID 751138	暖通管道系统.rvt : 风管 : 矩形风管 : 空调新风 - 标记 62 : ID 340299
6	管道 : 管道类型 : 自喷系统管道 - 标记 484 : ID 751887	暖通管道系统.rvt : 风管 : 矩形风管 : 空调新风 - 标记 65 : ID 340326
7	管件 : 弯头 - 常规 : 标准 - 标记 475 : ID 751908	暖通管道系统.rvt : 风管 : 矩形风管 : 空调新风 - 标记 65 : ID 340326
8	管件 : 过渡件 - 常规 : 标准 - 标记 476 : ID 751910	暖通管道系统.rvt : 风管 : 矩形风管 : 空调新风 - 标记 65 : ID 340326
9	管道 : 管道类型 : 自喷系统管道 - 标记 499 : ID 752251	暖通管道系统.rvt : 风管 : 矩形风管 : 空调新风 - 标记 65 : ID 340326
10	管道 : 管道类型 : 自喷系统管道 - 标记 501 : ID 752354	暖通管道系统.rvt : 风管 : 矩形风管 : 空调新风 - 标记 65 : ID 340326
11	管件 : 弯头 - 常规 : 标准 - 标记 500 : ID 752373	暖通管道系统.rvt : 风管 : 矩形风管 : 空调新风 - 标记 65 : ID 340326
12	管道 : 管道类型 : 自喷系统管道 - 标记 546 : ID 752955	暖通管道系统.rvt : 风管 : 矩形风管 : 空调新风 - 标记 65 : ID 340326

图 7-14　碰撞检查报告导出

本 章 小 结

本章通过实例操作，介绍了项目内图元之间的碰撞检查及项目内图元与链接模型图元之间碰撞检查的基本方法。根据以上碰撞检查的方法在实际项目中使用 Revit MEP 进行管道系统的碰撞检查、优化，以及碰撞报告的导出。

第8章 建筑表现

8.1 项目位置、朝向、日光及阴影设置

8.1.1 项目位置及朝向的设置

在 Revit MEP 中若要对项目进行准确的日照分析，首先需要设定项目所在的位置及项目的正确朝向。下面以某公园公共卫生间项目为例设置项目位置及朝向。

在 Revit MEP 操作界面中单击“管理”选项卡—“项目位置”面板—“地点”按钮 地点，打开“位置、气候和场地”对话框，如图 8-1 所示。

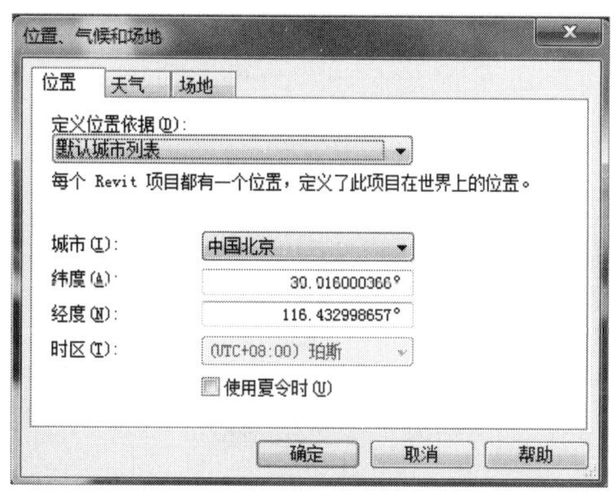

图 8-1 “位置、气候和场地”对话框

在 Revit MEP 中设置项目所在位置时，定义位置的依据有默认城市列表和 Internet 映射服务两种，即两种定义位置的方式。

（1）使用默认城市列表的方式定义项目位置，可从城市列表中选择项目所在的城市，也可通过输入纬度和经度的方式定义项目实际位置，如图 8-1 所示。

（2）使用 Internet 映射服务的方式定义项目位置，Revit MEP 将自动连接到网络，可使用地图找到项目所在的位置，也可通过输入项目地址的方式进行搜索，如图 8-2 所示。

在设置完成后，单击“确定”按钮确定项目所在位置。再次打开“位置、气候和场地”对话框，切换至“场地”选项卡，此时软件默认从项目北到正北方向的角度为 0°，如图 8-3 所示。

图 8-2　位置搜索

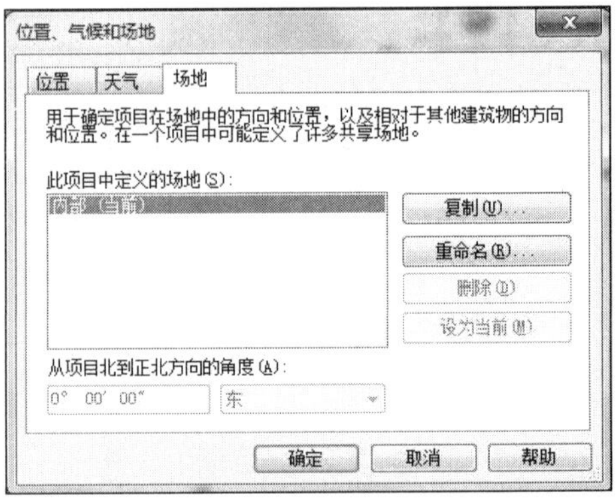

图 8-3　场地设定

将视图切换至首层平面图，不选择任何对象，在楼层平面视图的“属性”面板中找到“方向”，即项目的方向，将其修改为“正北”，如图 8-4 所示，此时项目按实际所在方向显示。

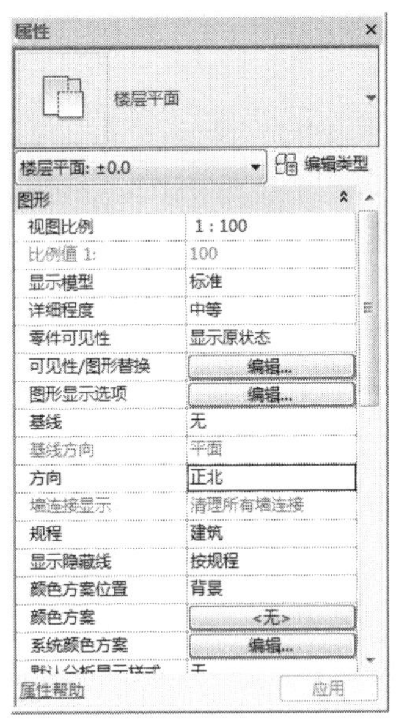

图 8-4　设定项目方向

在 Revit MEP 操作界面中单击“管理”选项卡—“项目位置”面板—“位置”按钮 位置，在下拉列表中选择“旋转正北”选项，进入视图旋转修改模式，可根据项目实际情况沿顺时针或逆时针方向旋转，如图 8-5 所示。

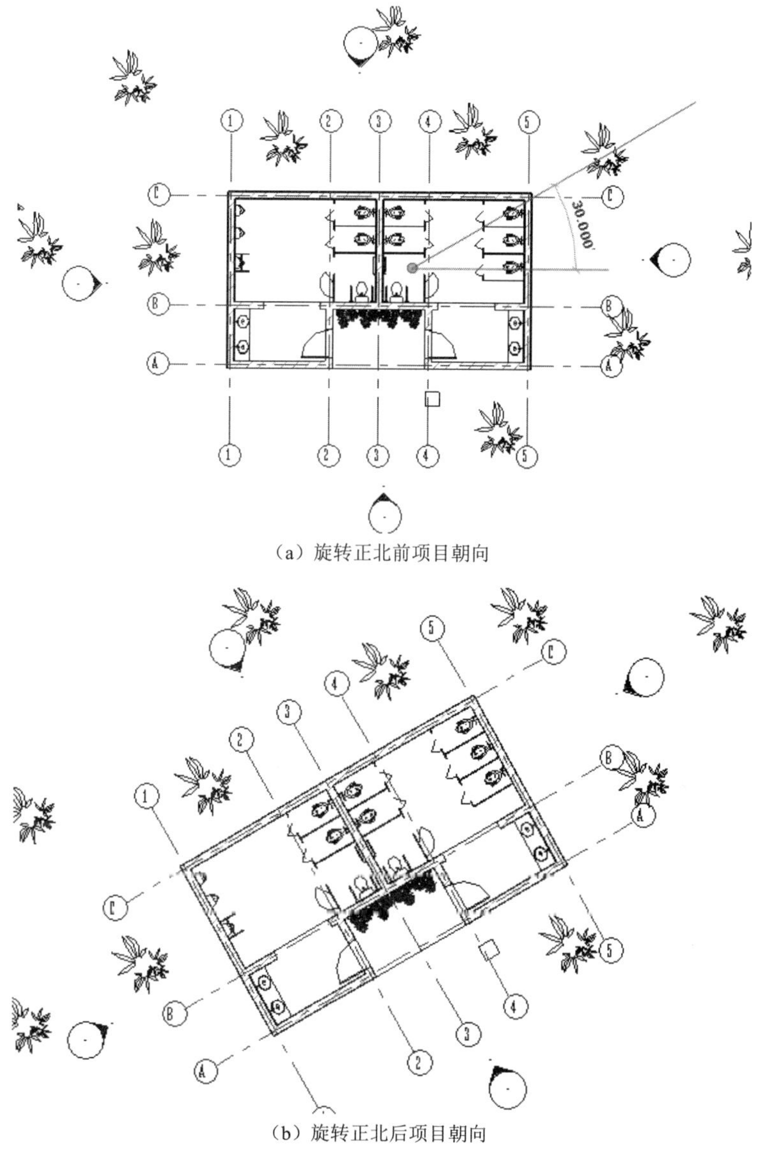

（a）旋转正北前项目朝向

（b）旋转正北后项目朝向

图 8-5 项目方向调整

对项目进行旋转正北操作之后，从项目北到正北方向的角度将产生相应的变化，即项目的朝向有了新的变化，如图 8-6 所示。

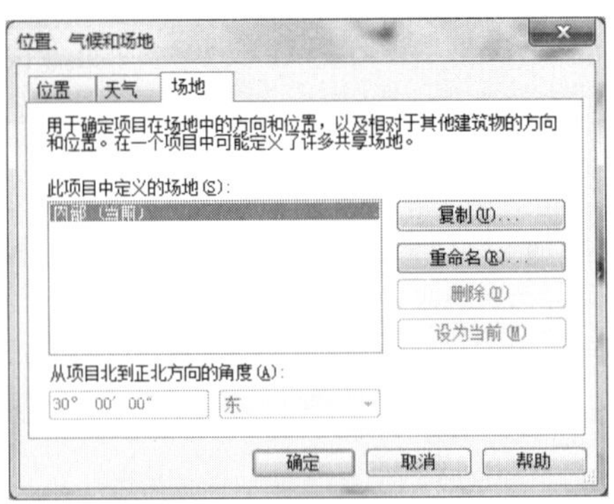

图 8-6　项目朝向变更

8.1.2　日光及阴影的设置

建筑的正北方向设置完成之后可以打开视图中阴影来显示当前视图阴影遮挡关系，并可以设置太阳光位置。下面以某公园公共卫生间项目为例进行项目日光及阴影的设置。

单击视图底部视图控制栏中的“视觉样式”按钮，在弹出的如图 8-7 所示列表中选择“图形显示选项”，打开“图形显示选项”对话框，如图 8-8 所示。

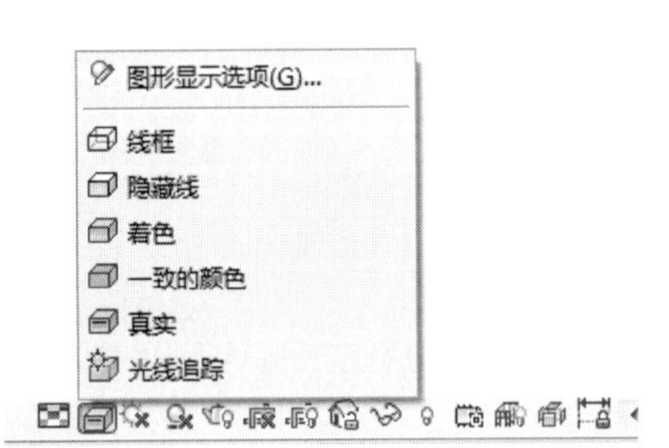

图 8-7　视觉样式

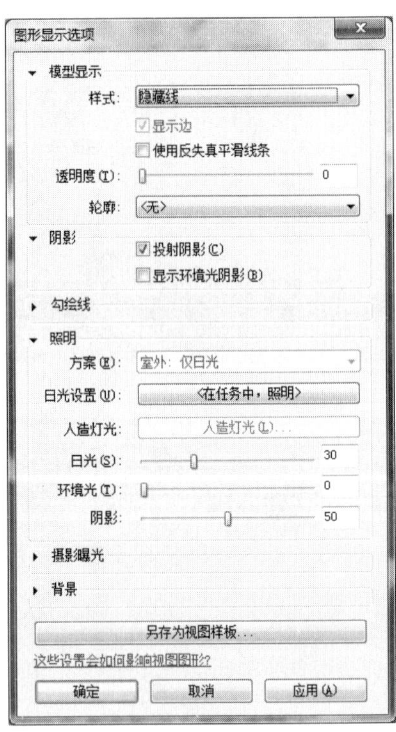

图 8-8　“图形显示选项”对话框

在“图形显示选项”对话框中，将模型显示样式设置为隐藏线，选中“投射阴影”选项，并单击“日光设置”后面的浏览按钮，打开“日光设置”对话框，如图 8-9 所示。

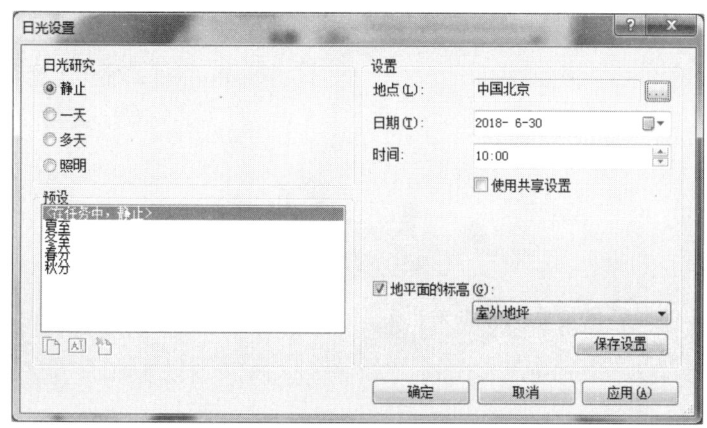

图 8-9 “日光设置”对话框

在打开的“日光设置”对话框中选择所需要的日光研究模式，完成相应设置，地点为项目位置，选中“地平面的标高”复选框并设置正确的地平面标高，单击“应用”和“确定”按钮完成设置，当前设置阴影显示状态如图 8-10 所示。

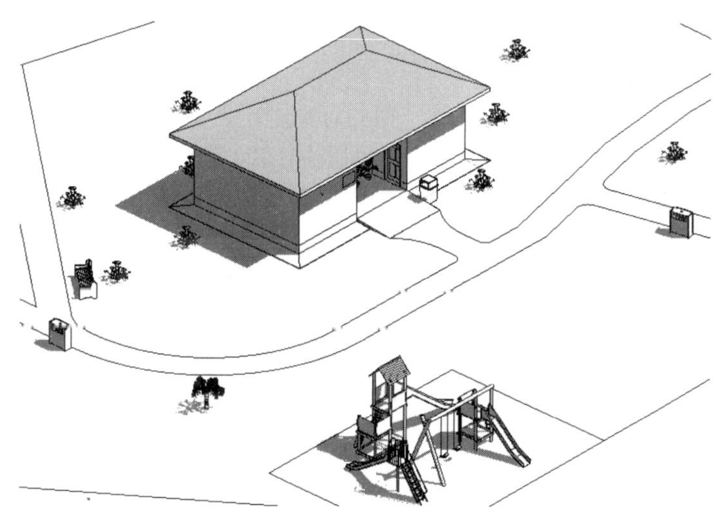

图 8-10 设置阴影显示

单击视图底部视图控制栏中的“打开/关闭日光路径”按钮，在弹出的列表中选择“打开日光路径”，Revit MEP 将会给出当前日光设置形式，如图 8-11 所示。当日光研究方式为静止时，沿太阳轨迹线拖动视图中太阳的位置可修改太阳所在的时刻，Revit

MEP 将根据新的太阳时刻生成新的阴影。

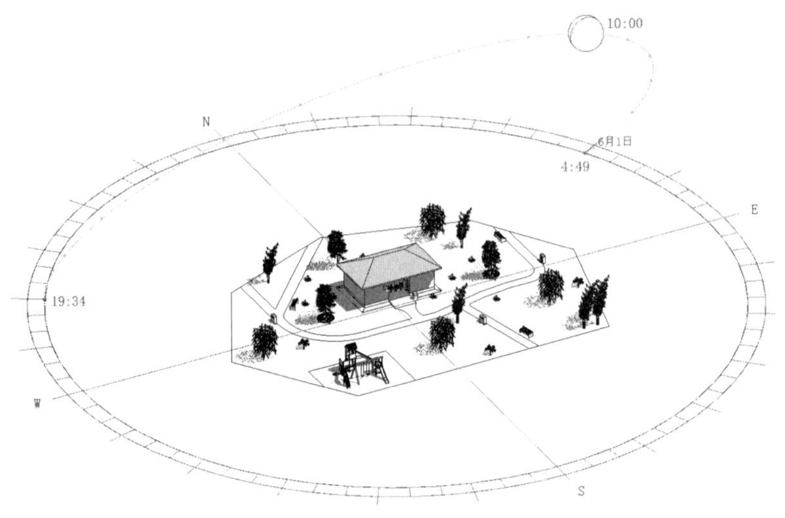

图 8-11　日光设置形式

单击视图底部视图控制栏中的“打开/关闭日光路径”按钮，在弹出的列表中选择“日光设置”，打开“日光设置”对话框，其设置与通过“图形显示选项”对话框打开的“日光设置”对话框是一致的，提供了“静止”“一天”“多天”“照明”4 种日光研究模式。

当日光研究模式为“一天”时，地平面的标高、地点、日期、时间的设置与“静止”模式相同，不同之处是可指定时间间隔。时间间隔指的是在指定时间范围内生成阴影画面的时间间隔。如图 8-12 所示，可以根据需要单击对话框中“保存设置”按钮将设置保存在左边“预设”框中，方便以后使用，如图 8-13 所示。

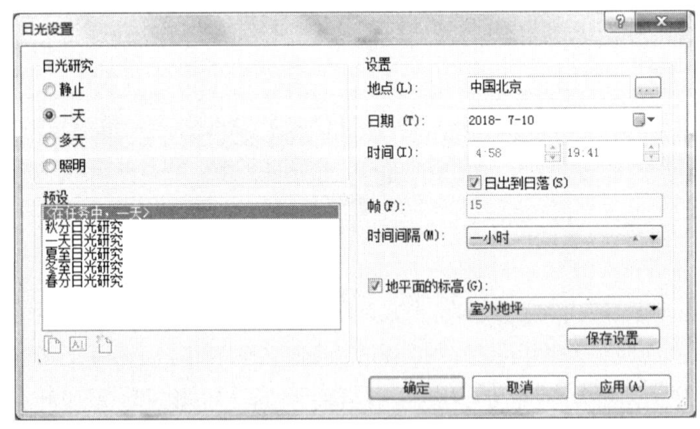

图 8-12　时间间隔设置

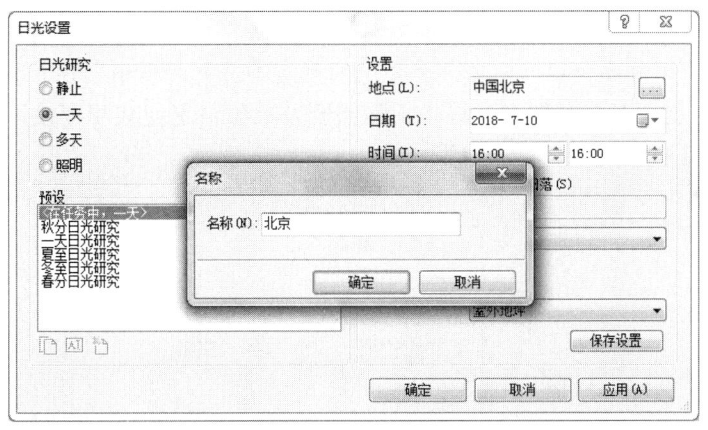

图 8-13　保存预设

上述设置完成后，进入“一天”的动态阴影分析模式，此时单击视图底部视图控制栏中的“打开/关闭日光路径”按钮，在弹出的列表中选择“日光研究预览”，Revit MEP 视图窗口选项栏增加一个预览的控制方式，如图 8-14 所示。单击“播放”按钮，Revit MEP 将按照指定的日期在指定的时刻范围内动态生成一天的阴影。还可将日光研究模式改为“多天”，其设置与“一天”基本类似。

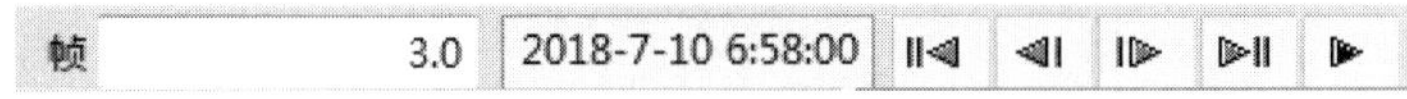

图 8-14　日光研究预览控制条

日光研究模式为“照明”时，指定日光方向，即方位角和仰角，在“预设”框中默认提供“来自右上角的日光”和“来自左上角的日光”两个选项，如图 8-15 所示。

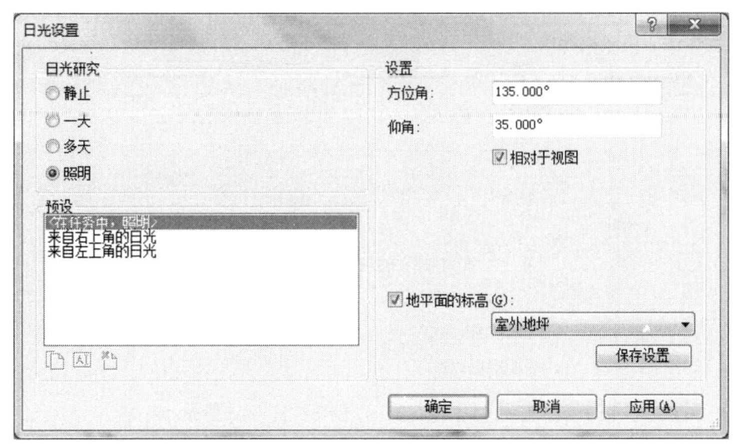

图 8-15　日光方向设置

可以将“一天”或者“多天”的所有日光阴影研究导出为外部的动画文件，单击窗口左上角的“应用程序菜单”按钮，在弹出的列表中选择“导出”—“图像和动画”—“日光研究”选项，在打开的对话框中根据需要及具体情况完成相应设置，最终导出为*.avi 格式文件，如图 8-16 及图 8-17 所示。

图 8-16　日光阴影导出

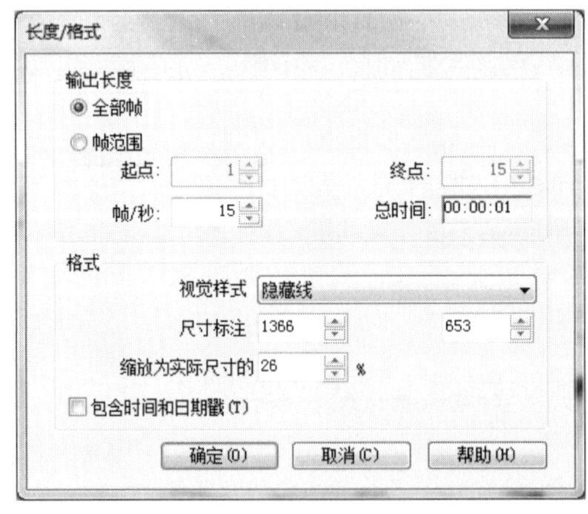

图 8-17　导出动画文件设置

8.2 相机视图与漫游动画的创建及添加

8.2.1 相机视图的创建

在 Revit MEP 中为项目设置完材质之后，需要为项目指定相机视图，以方便后期的渲染表现。

切换至某平面视图，在 Revit MEP 操作界面中选择“视图”选项卡—“创建”面板—“三维视图”—“相机”工具，如图 8-18 所示。在新生成的选项栏中选中“透视图”复选框，如图 8-19 所示，其中偏移量根据需要设置。相机偏移量指的是相机所在的相对高度。将相机选择合适角度放置，单击确认，Revit MEP 自动切换到相机生成的视图。

图 8-18 选择“相机”工具

图 8-19 相机选项栏设置

选择相机视图的边框，即选择相机，在“属性”面板中不选中“远裁剪激活”复选框。远裁剪是指为相机设置一个范围，对超过这个范围的值，Revit MEP 不再显示视图中的模型。根据实际需要在相机“属性”面板中设置视点高度、目标高度。切换至楼层平面视图，可在不同楼层的不同位置创建不同的相机视图。

在项目浏览器的三维视图列表中会生成创建的相机视图，双击三维视图的名称可切换各个相机视图的显示。切换至楼层平面图，如果需要继续对相机进行编辑，可以在项目浏览器中找到对应的相机三维视图并右击，选择“显示相机”选项，可以将相机重新显示在平面视图中，然后对相机进行进一步的编辑和修改。

8.2.2 漫游动画的添加

在 Revit MEP 中除使用相机工具创建三维视图之外，还可以在项目中创建漫游动画。

切换至某平面视图，在 Revit MEP 操作界面中选择“视图”选项卡—“创建”面板—“三维视图”—“漫游”工具，如图 8-20 所示。在新生成的选项栏中选中“透视图”复选框，如图 8-21 所示，其偏移量设置与创建相机视图方法一致，通过调节偏移量的方式可调节相机高度。

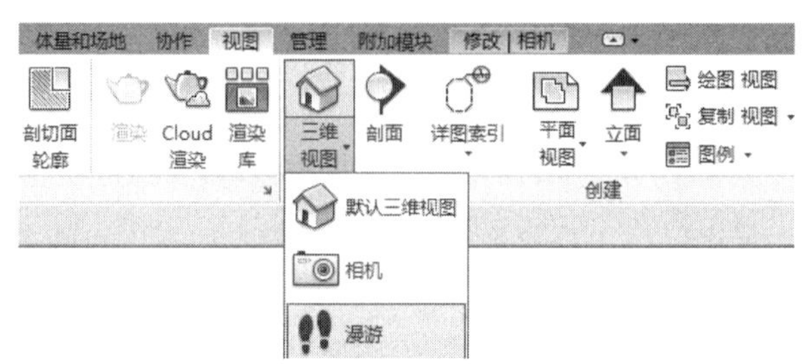

图 8-20　选择“漫游”工具

图 8-21　漫游选项栏设置

在平面视图适当的位置单击，放置漫游第一个关键帧，继续在视图适当位置单击生成漫游路径。路径设置完成后单击“修改 | 漫游”选项卡—“完成漫游”按钮，如图 8-22 所示。

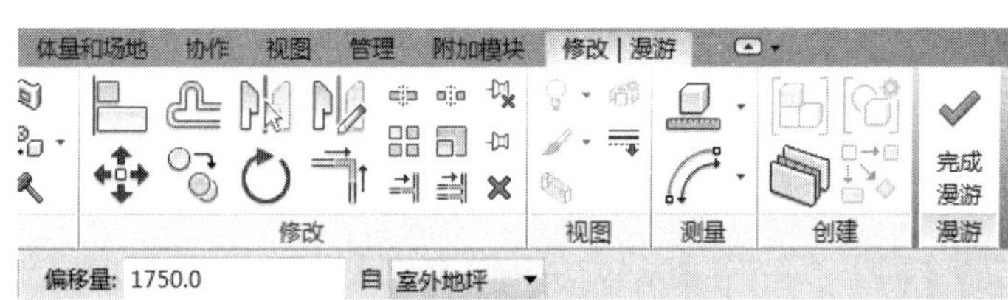

图 8-22　完成漫游路径设置

生成漫游路径之后，需要对漫游进行进一步的编辑。单击“编辑漫游”按钮进入编辑漫游模式中，在“修改 | 相机”选项卡的选项栏中可以通过控制列表来控制漫游的对象，如活动相机、路径、添加关键帧、删除关键帧等，如图 8-23 所示。

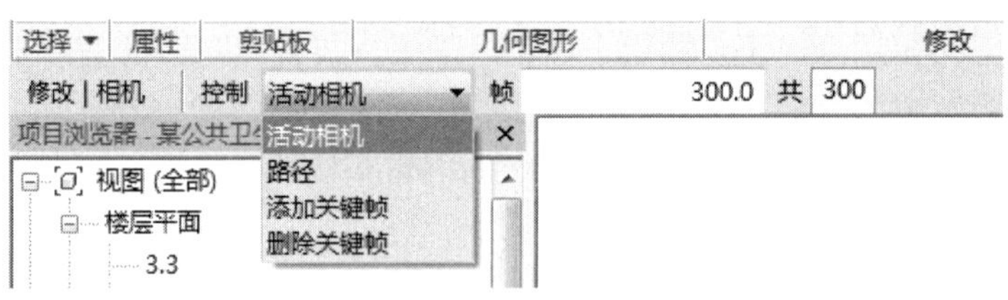

图 8-23　编辑漫游

控制列表切换为“活动相机”方式，可以拖动相机到漫游路径的不同位置，即让相机处于不同关键帧点，还可以拖动相应点调节相机的视角范围及相机的朝向，如图 8-24 所示。调节完成之后按 Esc 键退出漫游模式。

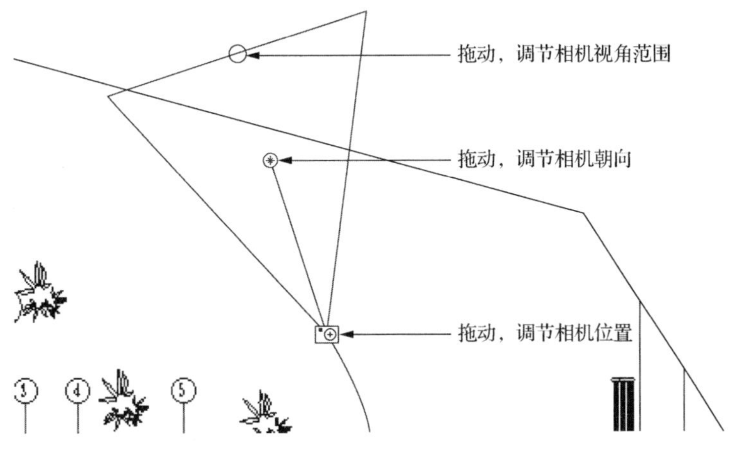

图 8-24 拖动调节相机

Revit MEP 会在项目浏览器中自动创建漫游视图类别，单击切换至漫游视图，在漫游属性对话框中单击漫游帧后面的按钮，打开“漫游帧”对话框，在此对话框中可对漫游总帧数、帧数率（帧/秒）等进行设置。漫游动画播放时间=总帧数/帧数率。

单击切换至漫游视图，单击“修改丨相机”选项卡—“漫游”面板—“编辑漫游”按钮，将选项栏中当前帧设置为 1.0，切换至“编辑漫游”选项卡，单击“漫游”面板中“播放”按钮，如图 8-25 所示，当前漫游视图将进入动画播放模式，Revit MEP 将沿先前设置的漫游路径生成漫游动画。

图 8-25 漫游播放

生成漫游之后，可以将漫游动画进行输出，单击窗口左上角的“应用程序菜单”按钮，在弹出的列表中选择“导出”—“图像和动画”—“漫游”选项，如图 8-26 所示，可以导出独立的数据文件。漫游动画导出格式设置与日光研究动画导出格式设置方法类似，导出时使用渲染的视觉样式可以对漫游中的每一帧进行渲染，从而得到一个更为真实的漫游状态。

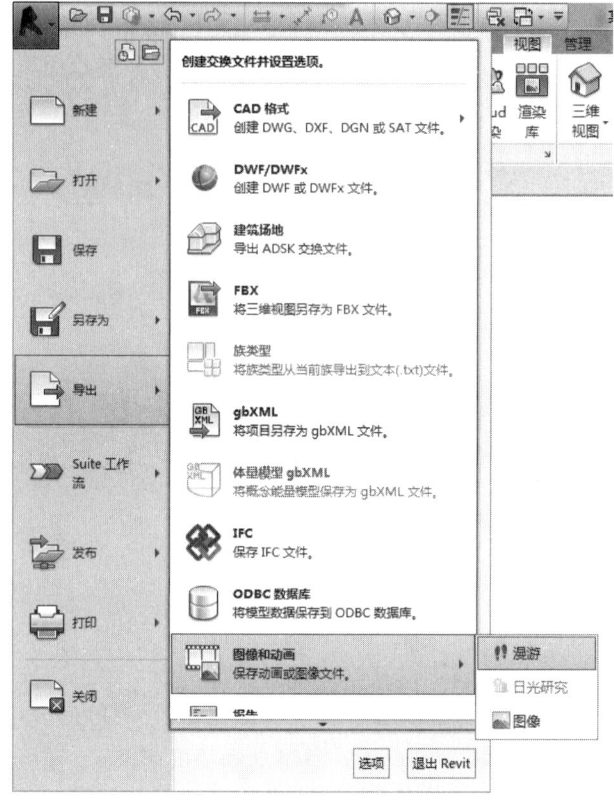

图 8-26　漫游导出

8.3　使用视觉样式

8.3.1　视觉样式的切换

在 Revit MEP 中完成模型绘制之后，可以利用视觉样式来控制模型视图的表达方式。

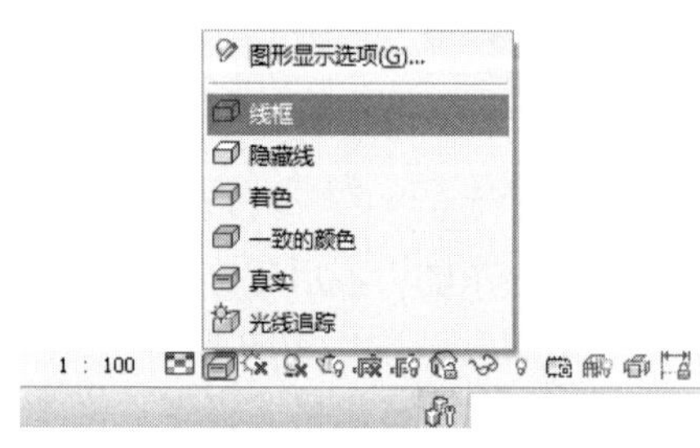

图 8-27　视觉样式选项

切换至默认三维视图，Revit MEP 在视图底部提供了视图控制栏，在视图控制栏中可调节视图比例、视图显示详细程度，还可改变视图视觉样式。单击“视觉样式”按钮 会弹出视觉样式列表，有“线框”“隐藏线”“着色”“一致的颜色”“真实”“光线追踪”6 种视觉样式，如图 8-27 所示。其中视觉样式为“真实”时，Revit MEP 模型将显示“真实”的材质状态，这种状态比较消耗计算资源，显示速度比较慢，但是显示效果最好。光线追踪模式实时对当前视图进行渲染，有光线的加入，使显示更为真实。

8.3.2　视觉样式的设置

在 Revit MEP 中视觉样式是可调整的，单击“视觉样式”按钮会弹出视觉样式列表，选择“图形显示选项”，打开“图形显示选项”对话框，如图 8-28 所示。在“模型显示”面板中，“显示边”选项是指显示模型边缘轮廓线，另可通过轮廓下拉列表对轮廓线的种类进行设置，调节透明度滑块可以调节模型的透明度，从而对视图中遮挡对象做进一步编辑。在“阴影”面板中，选中“投射阴影”复选框或者单击视图控制栏中“打开/关闭阴影”按钮来控制阴影的开、关，“显示环境光阴影”复选框是指是否显示模型明暗关系。“照明”面板的修改设置参见前面章节，在此不作叙述。在“背景”面板中，可以设置模型的显示背景，下拉列表提供无、天空、渐变、图像 4 种选项。在“图形显示选项”对话框中可将当前的视觉样式另存为视图样板，方便在其他需要使用相同视觉样式时直接使用视图样板。

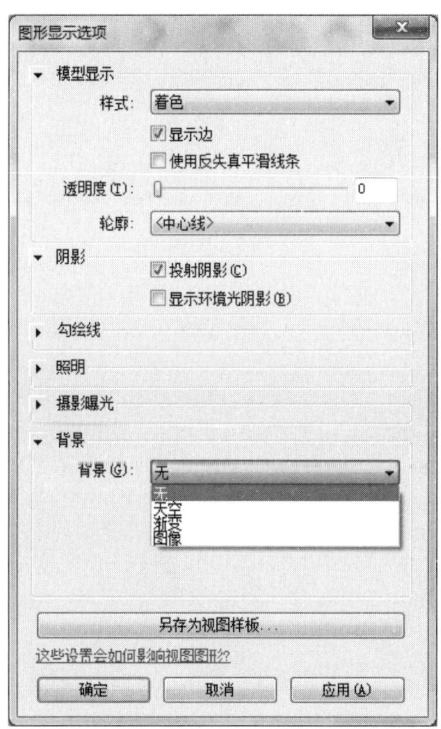

图 8-28　“图形显示选项”对话框

本 章 小 结

本章通过实例操作，介绍了日光与阴影的设置、相机与漫游的创建与视觉样式的使用。大家可利用掌握的这些技巧，使用 Revit MEP 软件更加真实地模拟建筑的实际情况，甚至可以通过渲染及动画的导出来更好地表现建筑。

参 考 文 献

柏慕进业，2016．Autodesk Revit MEP 2016 管线综合设计应用[M]．北京：电子工业出版社．

黄亚斌，王全杰，杨勇，2016．Revit 机电应用实训教程[M]．北京：化学工业出版社．

杰里・莱瑟林，王新，2013．美国 BIM 应用的观察与启示[J]．时代建筑，（2）：16-21．

陆泽荣，刘占省，2016．BIM 技术概论[M]．北京：中国建筑工业出版社．

王君峰，杨云，等，2013．Autodesk Revit 机电应用之入门篇[M]．北京：中国水利水电出版社．

王子若，2013．Revit 2013 电气设计宝典[M]．北京：清华大学出版社．

郑国勤，邱奎宁，2012．BIM 国内外标准综述[J]．土木建筑工程信息技术，（1）：32-34．

Autodesk Asia Pte Ltd，2012．Autodesk Revit MEP 2012 应用宝典[M]．上海：同济大学出版社．